Walter Wildi, O. Adrian Pfiffner

AUF DEN SPUREN FOLGENSCHWERER NATUREREIGNISSE IN DER SCHWEIZ

Haupt Verlag

Walter Wildi, O. Adrian Pfiffner

AUF DEN SPUREN FOLGENSCHWERER NATUREREIGNISSE IN DER SCHWEIZ

Mit 25 geologischen Exkursionen

Haupt

Verdankungen

Für ihren Beitrag zum Gelingen diese Buches, und vor allem für Fotos, danken wir:

Hans Bühler, Netstal; Pierre Corboud, Genève; Andreas Fischer, Archäologie und Museum Baselland; Martin Forter, Basel; Christoph Graf, WSL; Kantonspolizei Glarus; Kantonspolizei Graubünden; André Lambert, Baden; Roberto Loat, Planat; Christoph Nänni, Tiefbauamt Graubünden; Jean-Luc Loizeau, Genève; Charles Paris, Médiathèque Valais, Martigny; Bruno Petroni, Tamedia; Christian Pfammatter, Steffisburg; Police cantonale du Valais; Jean-Pierre Quinodoz, Les Haudères; Hans Jakob Reich, Salez; Joe Rohrer, Luzern; Christian Schlüchter, Bern; Schweizer Erdbebendienst, Zürich; Lambert Zufferey, WSL.

Mit der Unterstützung von:

scnat akademie der naturwissenschaften

Legat Dr. Joachim Giacomi

UNESCO WELTERBE TEKTONIKARENA SARDONA

Verein UNESCO-Weltnaturerbe TektonikArena Sardona

Vischnanca burgaisa Domat
Bürgergemeinde Domat/Ems

Bürgergemeinde Domat/Ems

Inhaltsverzeichnis

1 Einleitung

Naturkatastrophen und Extremereignisse begleiten die Geschichte und das Leben der Menschen. Dabei kennt die Natur keine Katastrophen, sondern nur Prozesse und Ereignisse, die mehr oder weniger intensiv sind und mehr oder weniger stark ausfallen. Katastrophen definieren wir in Relation zu unserem Empfinden. Die natürlichen Prozesse, von geologischen Prozessen wie Erdbeben bis hin zu Wetter- und Klimaprozessen, folgen ihrer eigenen Logik, entweder angetrieben durch Kräfte innerhalb der Erde, insbesondere im Zusammenhang mit der Plattentektonik, oder durch äussere Kräfte, die oft astronomischen Ursprungs sind. Die Ereignisse können periodisch oder

▲ **Abbildung 1-1** *Erdbeben von Basel am 18. Oktober 1356. Karl Jauslin, 1842–1904 (© Wikimedia Commons,* https://de.wikipedia.org/wiki/Basler_Erdbeben_1356#/media*).*

zyklisch sein, z. B. verbunden mit der Saisonalität (Meteorologie). Das Auftreten anderer Ereignisse ist durch eine Wahrscheinlichkeit gekennzeichnet (z. B. Erdbeben), und der genaue Zeitpunkt ihres Auftretens lässt sich nicht vorhersagen. Ereignisse einer dritten Kategorie (z. B. Felsstürze und Hangrutsche) sind die Folgen anderer Vorkommnisse, wie Wetterumschwünge, das Schmelzen eines Gletschers oder Erdbeben.

Diese rationale Wahrnehmung der Ereignisse ist nicht jene der Gesellschaften der Vergangenheit, wie F. Walter (2008) in seinem Buch «Katastrophen, eine Kulturgeschichte» treffend beschreibt. Während einer langen Zeit brachten die Menschen extreme Ereignisse gemäss ihrem Glauben mit göttlichen Launen in Verbindung. Das Verhalten der Menschen war damals stark von Respekt und Angst vor dem Göttlichen und den Naturgewalten geprägt.

Im Empfinden der Menschen wechseln «gute Jahre» mit «schlechten Jahren» ab. Wenn wir die Presse und die sozialen Netzwerke verfolgen, so bewegen wir uns derzeit auf eine Periode «schlechter Jahre» zu, was mit den Auswirkungen der fortschreitenden globalen Klimawende zusammenhängen soll.

Während unseres Geologiestudiums haben wir gelernt, dass die Landschaften, wie sie sich heute unseren Augen präsentieren, zum einen durch langsame, sich wiederholende natürliche Prozesse und zum anderen durch die Auswirkungen von Extremereignissen entstanden sind, die von sehr kurzer Dauer sein konnten, von wenigen Sekunden (Erdbeben) bis zu wenigen Tagen (Wetterereignisse). Logischerweise müssen wir die Spuren dieser extremen Ereignisse der Vergangenheit in der Natur wiederfinden.

In diesem Buch suchen wir nach Spuren, welche Naturkatastrophen und Extremereignisse in unserer Landschaft hinterlassen haben, und schlagen Exkursionen (Feldbesuche) vor, um die Aussagen zu veranschaulichen. Es handelt sich jedoch nicht um eine systematische Bestandsaufnahme, sondern vielmehr um eine illustrierte Erzählung. Diese ist durch Publikationen dokumentiert, deren Referenzen im Text und in der Bibliografie angegeben sind. Die im Text erwähnten Lokalitäten, die sich für einen Besuch eignen, sind durch ihre Koordinaten lokalisiert.

Im folgenden Text zeichnen die Autoren für Textübersetzungen. Dieses Buch erscheint auch in französischer Sprache (Pfiffner & Wildi 2025) bei Editions Slatkine.

2 Naturgefahren und Extremereignisse

Die offizielle Schweiz hat voraussehend die PLANAT – **die Nationale Plattform Naturgefahren** – geschaffen. Diese Kommission wurde im Jahr 1997 als strategisches Organ ins Leben gerufen. Ihr Hauptzweck ist die Koordination der Vorbeugung von Naturgefahren auf nationaler Ebene. Als ausserparlamentarische Kommission soll sie in der Schweiz eine eigentliche Risikokultur einführen.

Die PLANAT setzt sich zusammen aus Spezialisten aus allen Landesteilen und Tätigkeitsgebieten, wie Lehre, Forschung, Berufsverbände und Versicherungen. Die nationalen Fachstellen sind ebenso vertreten wie die Kantone (www.planat.ch/de/planat). PLANAT befasst sich mit den folgenden Naturgefahren: Erdbeben, Frost, Gewitter, Hitzewellen, Hochwasser, Lawinen, Regen, Schnee und Eisglätte, Waldbrände und Wind. Badoux et al. (2016) haben die Daten zu den menschlichen Opfern von Naturereignissen in der Schweiz für die Jahre 1946–2015 zusammengestellt. Die Tabelle 2-1 listet die Gesamtzahl der Todesfälle nach der von den Autoren betrachteten Art der Ereignisse auf.

▼ **Tabelle 2-1** *Anzahl der Todesfälle aufgrund von Naturereignissen in der Schweiz von 1946 bis 2015 (Badoux et al. 2016).*

Ereignis	Todesfälle	%
Hochwasser	124	12,1
Bergrutsch	74	7,2
Steinschlag	85	8,3
Sturm	105	10,3
Blitzschlag	164	16,0
Lawinen	378	37,0
Andere	93	9,1
Total	**1023**	**100**

Auf Bundesebene ist das Bundesamt für Umwelt (BAFU, Abteilung Gefahrenprävention) für den Fachbereich der Naturgefahren zuständig.

Die Schweizer Kantone verfügen über Kataster der Naturgefahren, die ihr Gebiet bedrohen. Diese Kataster ermöglichen es, die Raumplanung und andere Aktivitäten zu steuern, um die negativen Auswirkungen möglicher Ereignisse zu begrenzen.

In diesem Buch erfolgt die Auswahl der Extremereignisse etwas anders als bei PLANAT oder auch bei Badoux et al. (2016), je nach den Spuren, die in der Landschaft hinterlassen wurden:

- Kapitel 3: Schwere **Erdbeben** (auch wenn sie selten sind) stellen noch immer die grösste Bedrohung für städtische Zentren, ihre Bevölkerung, die Industrie und Infrastrukturen dar.
- Kapitel 4: In der Vergangenheit kam es in der Nähe unserer Landesgrenzen zu **Vulkanismus**, der Spuren hinterlassen hat, z.B. in Seesedimenten. Aktive Vulkane gibt es derzeit in Italien, Island, im Feuergürtel und auf den mittelozeanischen Rücken rund um die Erde.
- Kapitel 5: **Klimaveränderungen** haben in der Vergangenheit – und auch heute noch – die Entwicklung von Landschaften und Lebensbedingungen beeinflusst. Die radikalsten Klimawechsel, die in unseren Breitengraden stattgefunden haben, waren die Eiszeiten, von denen die letzte vor 11'700 Jahren endete. Nach einer kurzen Klimageschichte der Nacheiszeit untersuchen und veranschaulichen wir die Schwankungen der Gletscherzungen während der Nacheiszeit, des Holozäns.
- Kapitel 6: Dieses Kapitel befasst sich mit **gravitativen Prozessen** und ihren Spuren im Gelände: Bergstürze, Felsstürze, Hangrutsche, Murgänge und Lawinen.
- Kapitel 7: **Hochwasser und Dürre** sind wiederkehrende Ereignisse. Ihre Auswirkungen haben sich im Laufe der Jahrzehnte stark verändert, was auf eine immer dichtere Besiedelung, die Versiegelung (Betonierung) der Erdoberfläche, die Drainagesysteme sowie auf Kanalisierungs- und Eindämmungsmassnahmen zurückzuführen ist. **Veränderungen der Seespiegel** sind in erster Linie auf klimatische Veränderungen zurückzuführen, vor allem auf wechselnde Niederschlagsregime.

Andere, vor allem meteorologische Ereignisse, hinterlassen kaum bleibende Spuren, können aber gravitative Prozesse und Überschwemmungen auslösen, mit Auswirkungen auf die Landschaft, den Lebensraum und auf die Tier- und Pflanzenwelt. Wir behandeln sie hier unter diesen Themen. Ausführliche Berichte über historische Wetterereignisse im Verlauf der vergangenen Jahrhunderte findet der interessierte Leser, die interessierte Leserin etwa in Le Roy Ladurie (1967), Pfister (1988) und Pfister et al. (2002).

3 Erdbeben

Ein Erdbeben ist …

Wir übernehmen hier die Definition der Erdbeben, wie sie auf in einer der meistbetroffenen Regionen der Schweiz, dem Wallis, verwendet wird (https://www.vs.ch/de/web/seismes/lexique).

*Ein **Erdbeben** resultiert aus der Freisetzung von Energie, die bei der ruckartigen Entspannung von Kräften, welche durch die Verschiebungen und Reibungen der verschiedenen Platten der Erdkruste angehäuft werden (Phänomene, die unter dem Namen Plattentektonik zusammengefasst sind). Die meisten Erdbeben werden vom Menschen nicht wahrgenommen. Das Herz eines Erdbebens wird Hypozentrum genannt. Es liegt irgendwo zwischen der Oberfläche und einem Punkt in bis zu 700 Kilometern Tiefe. Vom Epizentrum eines Erdbebens, das den Punkt auf der Erdoberfläche bezeichnet, der senkrecht über dem Hypozentrum liegt, wird häufiger gesprochen.*

*Die **Magnitude** beziffert die Energie, die während eines Erdbebens freigesetzt wird. Sie kann durch die instrumentelle Messung von Bodenbewegungen berechnet werden. Die Magnitudenberechnung wurde ursprünglich 1935 von Charles Richter entwickelt, daher spricht man noch heute von der Richterskala. Auf einer Richterskala ist der Anstieg der Energie nicht linear, sondern exponentiell. Wenn also die Stärke um 1 zunimmt, ist die freigesetzte Energie etwa 30-mal grösser. Die Magnitude eines Erdbebens wird mit einem Seismografen gemessen. Im Wallis fand das letzte grosse Erdbeben 1946 statt. Das Epizentrum lag in der Region Siders, die Magnitude lag bei etwa 6,1 auf der Richterskala.*

Die Skala für die **Intensität** eines Erdbebens wurde ursprünglich vom Vulkanologen Giuseppe Mercalli gegen Ende des 19. Jahrhunderts vorgeschlagen und 1931 in die MSK-Skala umgewandelt.

Tektonische Störungen (Verwerfungen)

Die meisten Erdbeben werden durch Bewegungen an Verwerfungen ausgelöst, wenn sich zwei Gesteinskompartimente entlang einer Bruchfläche relativ zueinander bewegen und dabei Energie zwischen den beiden Kompartimenten freigesetzt wird (Abb. 3-1). Die Energie des Erdbebens geht aus der elastischen Entspannung des Gesteins bei einem Bruch entlang der Verwerfung hervor.

Ein anderer Mechanismus ist für die Erdbeben von Vulkanen verantwortlich. Es handelt sich dabei um den «Tremor», der von dem in den Schloten aufsteigenden Magma erzeugt wird.

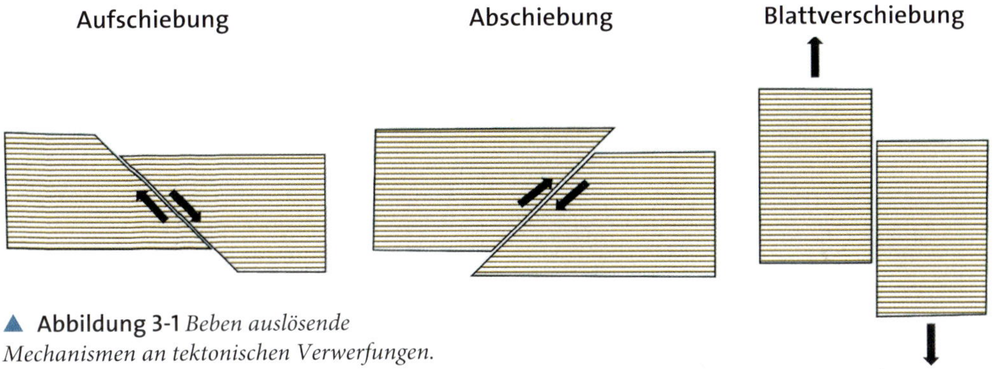

▲ **Abbildung 3-1** *Beben auslösende Mechanismen an tektonischen Verwerfungen.*

Erdbeben in der Schweiz

Der **Schweizerische Erdbebendienst** (SED) registriert Erdbeben, deren Epizentrum auf oder in der Nähe des Schweizer Territoriums liegt. Laut SED (http://www.seismo.ethz.ch/de/home) werden in der Schweiz jedes Jahr zwischen 1'000 und 1'500 Erdbeben registriert, von denen 10 bis 20 von den Einwohnern gespürt werden. Die Erdbeben werden seit Ende des 19. Jahrhunderts mit Seismografen aufgezeichnet. Für frühere Ereignisse gibt es schriftliche Aufzeichnungen und davor natürliche Archive, wie zerbrochene Stalagmiten und Stalaktiten in Höhlen oder gestörte Seesedimente.

Die Epizentren der Erdbeben sind nicht gleichmässig über das Land verteilt. Die Gebiete mit der höchsten Seismizität sind entweder mit dem Rheingraben im Norden der Stadt Basel und der Verlängerung der Grabenverwerfungen in Richtung Süden, in den Jura, oder mit bestimmten Gebieten in den Alpen verbunden: Wallis und Rhonetal oberhalb des Genfersees, Mittelbünden und Engadin, Gebiet auf der Achse von Sarnen bis Sargans.

Erdbeben, die Schäden an Gebäuden verursachen, sind in der Schweiz selten, aber es gibt sie, und sie können jederzeit ohne Vorwarnung auftreten. Der SED hat die folgende Liste der wichtigsten historischen Erdbeben in der Schweiz erstellt (Tab. 3-1).

Für zwei historische Erdbeben werden im Folgenden die Spuren im Gelände verfolgt: Für das Erdbeben von Basel im Jahr 1356 und für das Erdbeben von Siders von 1946. Erdbeben haben in der Vergangenheit zu grösseren Rutschungen in Seen und zur Auslösung von Tsunamis geführt. Siehe hierzu die Ausführungen in Kapitel 7.3.

▼ **Tabelle 3-1** *Die zehn stärksten historischen Erdbeben in der Schweiz, ihre Magnitude und Intensität laut Schweizerischem Erdbebendienst (SED).*

Datum	Ort	Magnitude	Intensität
18.10.1356	Basel (BS) mit starken Nachbeben	6,6	IX
03.09.1295	Churwalden (GR)	6,2	VIII
25.07.1855	Stalden-Visp (VS) mit starken Nachbeben	6,2	VIII
11.03.1584	Aigle (VD) mit starken Nachbeben	5,9	VIII
18.09.1601	Unterwalden (NW)	5,9	VIII
04.1524	Ardon (VS)	5,8	VII
25.01.1946	Sierre (VS) mit starken Nachbeben	5,8	VIII
09.12.1755	Brig-Naters (VS)	5,7	VIII
10.09.1774	Altdorf (UR)	5,7	VII
03.08.1622	Ftan (GR)	5–4	VII

Das Erdbeben von Basel vom 18. Oktober 1356

Am 18. Oktober 1356 ereigneten sich um 16 Uhr und 17 Uhr Vorbeben, gefolgt vom Hauptbeben, am Abend um 22 Uhr. Ein grosser Teil der Stadt und ihrer Kirchen wurde zerstört (Abb. 1-1). Die Schätzungen der Anzahl der Todesopfer schwanken je nach Autor zwischen 100 und 1'000.

Das Beben hatte eine Intensität zwischen VIII und X, eine geschätzte Magnitude von 6,6 und einen Schadensradius von etwa 400 km (Abb. 3-2). Laut Grathoffs Bericht (siehe Literaturangabe unten rechts) wurden 63 Schlösser und Burgen in den umliegenden Gebieten beschädigt oder zerstört (Beispiele: Abb. 3-6, 3-7).

Dieses Beben, das mit der Absenkung des Rheintalgrabens zwischen den Vogesen und dem Schwarzwald zusammenhing, war weder das erste noch das letzte in der Region Basel. Der Schweizerische Erdbebendienst erwähnt beispielsweise die Möglichkeit, dass die römische Garnison in Augusta Raurica um das Jahr 250 von einem grossen Ereignis betroffen war.

Die Erdbeben von Basel sind Teil einer langen geologischen Geschichte, die bis ins Oligozän, vor etwa 30 Millionen Jahren zurückreicht. In dieser Zeit begann sich der Oberrheingraben zu bilden. Dieser Graben entstand durch eine E-W gerichtete Streckung der europäischen Platte, begleitet von einem Absinken, was bis südlich von Basel sichtbar ist (Abb. 3-3). Die Verwerfungen dieses Grabens setzen sich in südlicher und südwestlicher Richtung im Jura fort. Ihr Verlauf ist in der Landschaftsmorphologie deutlich zu erkennen. Allerdings lassen sich die Verwerfungen nur selten an der Oberfläche beobachten, wie es zum Beispiel in Wölflinswil (Abb. 3-3, 3-4), am Rande des tektonischen Grabensystems, der Fall ist.

(Bibliografie: Stefan Grathoff: Das Grosse Beben von Basel im Jahr 1356. www.regionalgeschichte.net/bibliothek/aufsaetze/grathoff-erdbeben-basel.html)

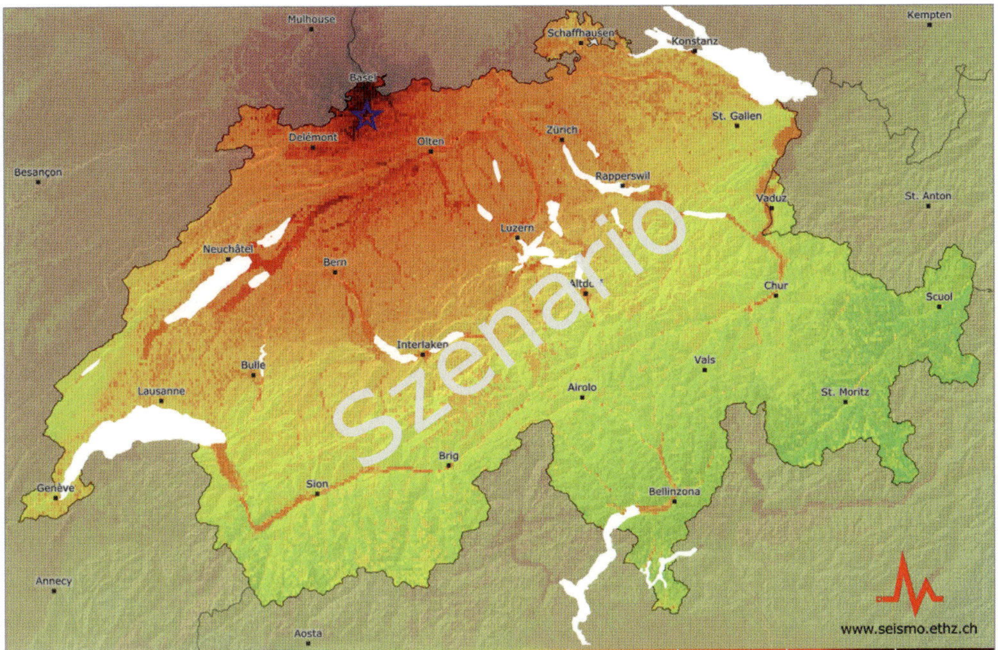

Intensität	II	III	IV	V	VI	VII	VIII	IX
Auswirkungen	kaum bemerkbar	schwach verspürt	deutlich verspürt	stark verspürt	leichte Gebäudeschäden	Gebäudeschäden	schwere Gebäudeschäden	zerstörend

▲ **Abbildung 3-2** *Das «Basler Beben» heute: Zu erwartende «ShakeMap» (Erdbebenkarte) bei einem Beben bei Basel mit einer Magnitude von 6,6 (©Schweizerischer Erdbebendienst, 28.02.2024).*

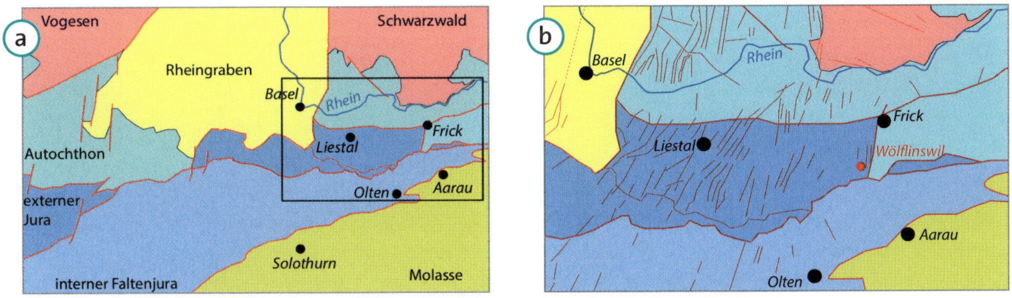

▲ **Abbildung 3-3 a-b** *Tektonische Karte des Rheintalgrabens mit Sedimentfüllung (gelb), Vogesen und Schwarzwald (rot), Tafeljura (hellblau), Faltenjura (blau);* ***Inset:*** *Fortsetzung der Verwerfungen (rote Linien) im Tafeljura und im Faltenjura sowie Lokalisierung der Wölflinswiler Verwerfungen von Abb. 3-4 (Karte: © swisstopo).*

Abbildung 3-4 *Wölflinswil-Verwerfung (Tafeljura, Kanton Aargau).*

▲ **a** *Übersicht; rote Linien: Verwerfungen*
► **b** *Effinger-Schichten*

Exkursion

Konsequenzen des Erdbebens von Basel, Schloss- und Burgruinen in den Gemeinden Aesch und Pfeffingen (Basel-Landschaft)

Auf dieser Wanderung kann sich der Leser ein Bild von der Bebenanfälligkeit der mittelalterlichen Festungen zur Zeit des Basler Erdbebens von 1356 machen. Die Bauweise der Mauern, aus kantigen Blöcken und mit bröckeligem Mörtel verklebten Flussgeröllen, war nicht dazu geeignet, den durch das Erdbeben verursachten Beschleunigungen zu widerstehen. Es ist anzunehmen, dass viele einfache Häuser dem Erdbeben besser standhielten als die Festungen.

Die Exkursion beginnt am SBB-Bahnhof Aesch (Basel-Landschaft, Abb. 3-5, Koord. 2'612'417/1'257'547). Der Wanderweg überquert zuerst den Fluss Birr, biegt dann links ab zum Muggeberg und weiter zur Burgruine Pfeffingen. Ein Schild erklärt die komplexe Geschichte dieser Festung (Abb. 3-6, Koord. 2'611'575/1'255'842). Für den Besuch sollte man eine Stunde einplanen.

Die Wanderung geht weiter und folgt den Wegweisern zur **Ruine Münchsberg** (Koord. 2'610'077/1'256'822). Diese Festung wurde nach 1286 erbaut und beim Erdbeben von Basel zerstört. (Weitere Informationen: https://de.wikipedia.org/wiki/Ruine_Münchsberg).

Der nächste Halt gilt der Ruine von **Schalberg**, die noch einige mehr oder weniger intakte Mauern aufweist. Sie wurde ebenfalls im 13. Jahrhundert erbaut, beim Erdbeben von 1386 beschädigt und später renoviert, aber dennoch von den Bewohnern kurz nach 1400 verlassen (https://de.wikipedia.org/wiki/Ruine_Schalberg, Koord. 2'609'770/1'257'120).

Die letzte Ruine, die Sie besuchen sollten, ist die von **Frohberg**, erbaut um 1292 (Abb. 3-7, Koord. 2'609'317/1'257'457). Es handelte sich um die zweitwichtigste Festung nach der Pfenninger Burg. Frohberg wurde während des Basler Erdbebens be-

▲ **c** *Verwerfungskontakt zwischen Hauptrogenstein und Effinger Schichten (Koord. 2'642'430/1'256'960, Foto: © A. Lambert, Baden, in: Wildi & Lambert 2019, S. 147, 148).*

schädigt und danach wieder aufgebaut. Weitere Informationen: https://de.wikipedia.org/wiki/Ruine_Frohberg.

Für die ganze Ruinentour muss man gut und gerne 3 Stunden Zeit für Fussmarsch und Besichtigungen einplanen.

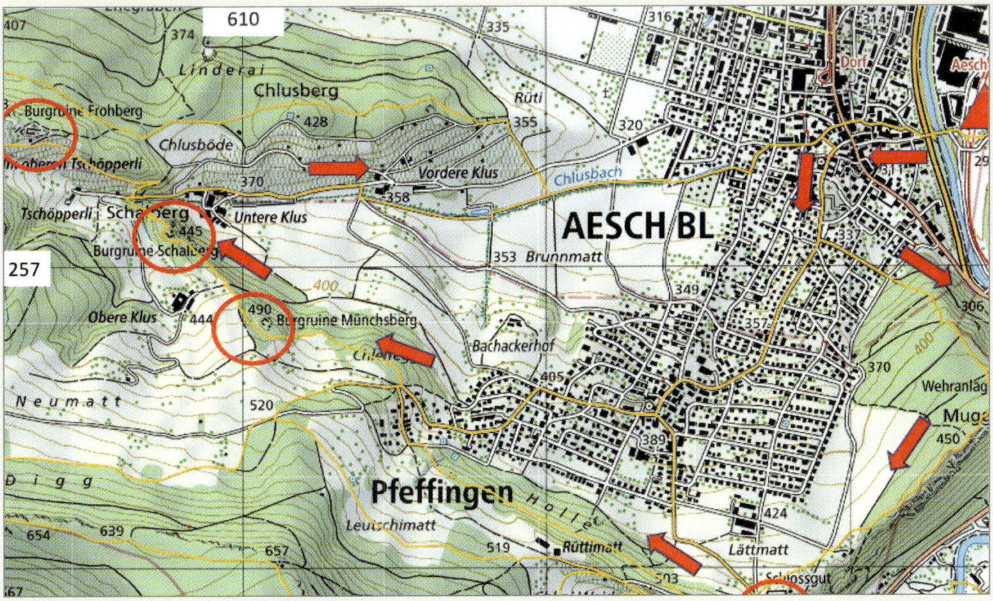

▲ **Abbildung 3-5** *Wanderkarte zu den Ruinen der Schlösser und Burgen von Aesch und Pfeffingen (Karte: © swisstopo).*

▲ **Abbildung 3-6 a** *Ruine Schloss Pfeffingen (Gemeinde Pfeffingen, Baselland), eine der zahlreichen Festungen, die beim Erdbeben von Basel 1356 beschädigt wurden (© Martin Forter, Basel).*

Das Erdbeben von Siders vom 25. Januar 1946

Follonier et al. (2021) liefern eine detaillierte Beschreibung des Verlaufs dieses Bebens, welches das stärkste seismische Ereignis des 20. Jahrhunderts in der Schweiz ist. Das Beben, mit einer geschätzten Magnitude von 5,8, ereignete sich am 25. Januar 1946 um 18:32 Uhr.

Am 10. und 13. November 1945 ereigneten sich während einer seismisch weitgehend ruhigen Zeit zwei Vorbeben. Die Bevölkerung nahm dies nicht als Anzeichen einer Gefahr wahr. Entsprechend gross war der Schreck anlässlich des Ereignisses vom 25. Januar 1946, dem zwei Frauen und ein krankes Kind zum Opfer fielen. Das Beben verursachte zahlreiche Gebäudeschäden (Abb. 3-9). Durch herunterfallende Gebäudetrümmer waren hingegen weder Tote noch Verletzte zu beklagen.

Das Observatorium von Neuchâtel registrierte im Verlaufe des Jahres 1946 517 Nachbeben. Am stärksten bebte die Erde

▲ **b** *Rekonstruktion des Schlosses (© Archäologie und Museum Baselland, Rekonstruktion: Joe Rohrer, bildebene.ch).*

◄ **Abbildung 3-7** *Ruine Frohberg (Gemeinde Aesch, BL), weitgehend zerstört durch das Basler Erdbeben von 1356 (© Martin Forter, Basel).*

am 4. Februar und am 30. Mai. Dieses letzte Ereignis, mit einer Magnitude von 5,5, löste am Six des Eaux Froides einen Bergsturz aus (Abb. 3-8 a). Dabei stürzte ein Gesteinsvolumen von 5 Mio. m^3 auf die Alpweiden von Serin und Ravoinet ab, zerstörte Chalets, einen Teil des Waldes und füllte den Lac de Luchet auf. Bewohner berichteten über starke Staubentwicklung und die Tatsache, dass dieser Staub noch mehrere Tage über der Landschaft lag.

Bei Bauten in durch Erdbeben gefährdeten Gebieten ist in der Schweiz insbesondere die Norm Nr. 261 des Schweizerischer Ingenieur- und Architektenvereins (SIA) aus dem Jahr 2020 zu berücksichtigen. Diese Norm mit dem Titel ***Einwirkungen auf Tragwerke*** beschreibt in Kapitel 16 die Einwirkung der Beben und die daraus abzuleitenden Massnahmen bei der Planung und Realisierung neuer Bauten. Zur Evaluation der Einwirkungen von Beben in Funktion der geologischen Verhältnisse verfügen die meisten Kantone heute über Baugrundkarten.

Exkursion

Exkursion zum Bergsturz Six des Eaux Froides

Von der Talstation des Sesselliftes von Les Rousses (Anzère) steigt ein bequemer Weg zur Alp Serin und weiter bis zum spektakulären Trümmerfeld des Bergsturzes auf. Sodann kreuzt der Fussweg den Bergsturz und führt zurück zur Talstation. Der Rundgang (Abb. 3-8 b) dauert etwa 2 Stunden: 250 m Aufstieg und dieselbe Höhendifferenz im Abstieg zurück zur Talstation.

Das Epizentrum des Bebens vom 25. Januar und des Nachbebens vom 30. Mai 1946 lag in der Region Rawyl; die stärksten Intensitäten und die grössten Zerstörungen wurden in Ost-West Richtung zwischen Siders und Raron und in Nord-Süd Richtung zwischen Montana und Veysonnaz beobachtet. Schwere Schäden wurden auch in Leuk, Salgesch, Brig und Naters festgestellt (Follonier et al. 2021).

a

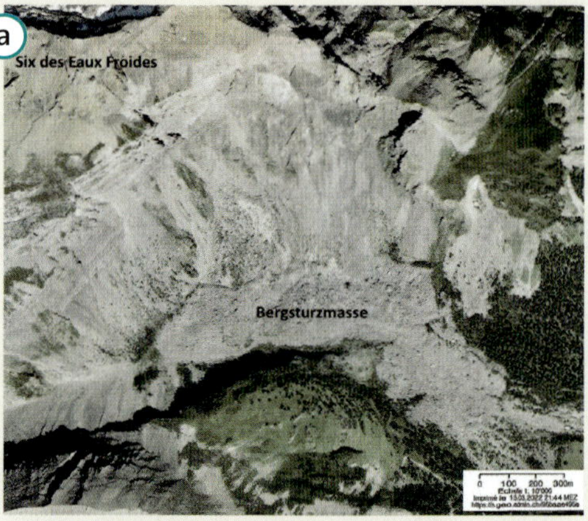

▲ **Abbildung 3-8 a** *Bergsturz am Six des Eaux Froides,ausgelöst durch das Erdbeben von Siders vom 25. Januar 1946 (Luftbild: © swisstopo).*

b

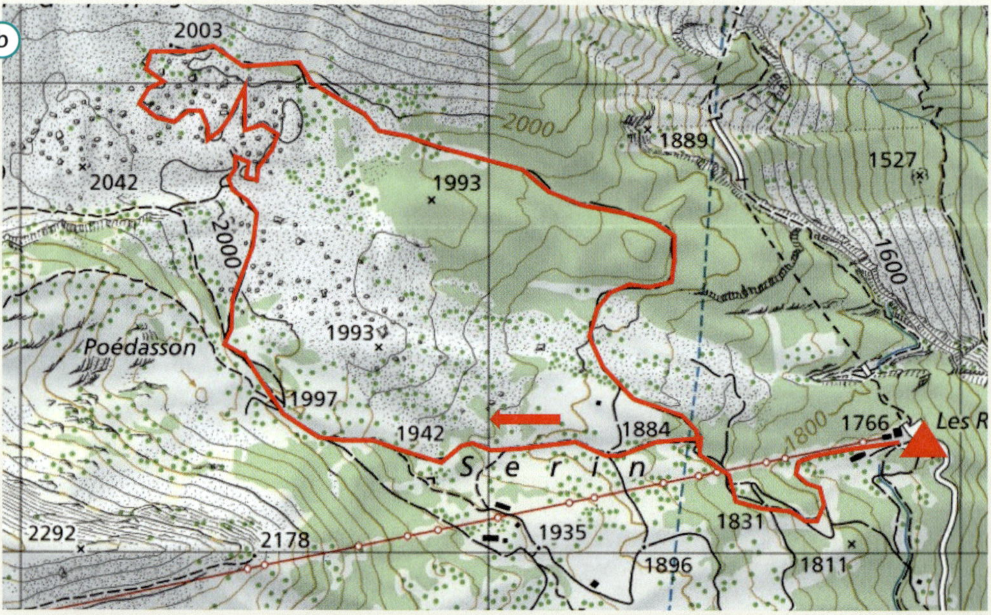

▲ **b** *Exkursionskarte zum Bergsturz von Six des Eaux Froides (© swisstopo).*

c

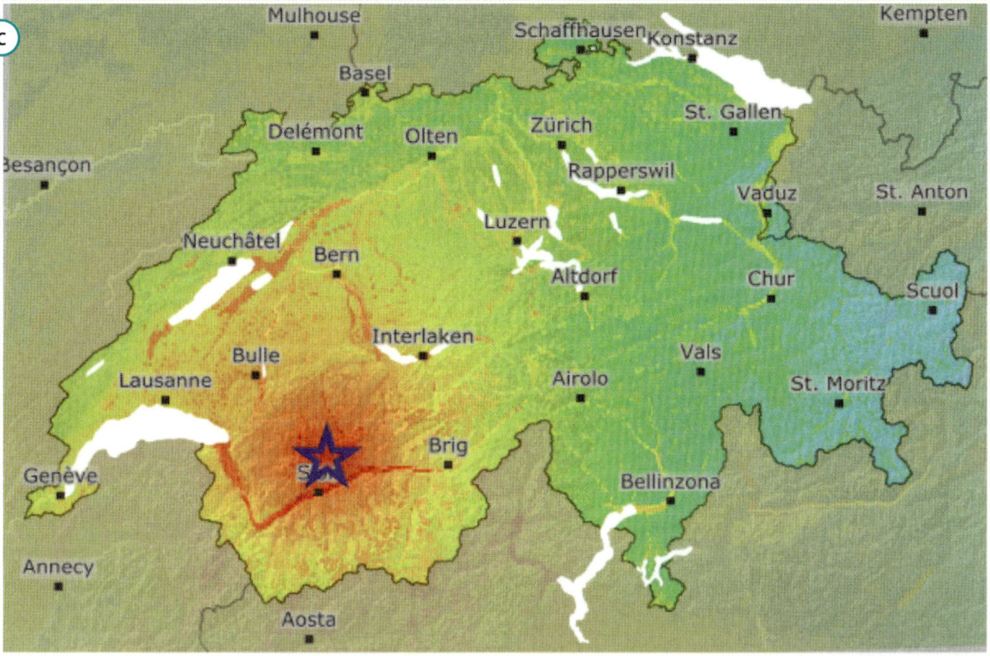

Intensität	II	III	IV	V	VI	VII	VIII	IX
Auswirkungen	kaum bemerkbar	schwach verspürt	deutlich verspürt	stark verspürt	leichte Gebäudeschäden	Gebäudeschäden	schwere Gebäudeschäden	zerstörend

▲ **c** *Geschätzte Auswirkungen eines Erdbebens der Magnitude 5.8 mit einem Epizentrum am Rawilpass. Das Modell entspricht einer Simulation des Erdbebens von Siders (© Schweizerischer Erdbebendienst). In den Tälern mit mächtigen Lockergesteinsfüllungen (Sand, Kies, Lehm) werden die Erdbebenwellen verstärkt, sodass die Erdbebenschäden wesentlich höher sind als in der Umgebung.*

◄ **Abbildung 3-9** *Schäden, die durch das Erdbeben in Siders am 25. Januar 1946 verursacht wurden. Maison du Café de l'Avenue, Sierre (Foto: © Schweizerischer Erdbebendienst (SED) an der ETH Zürich).*

4. Vulkanismus

Von Vulkanismus spricht man, wenn Lava aus einer Magmakammer an die Erdoberfläche gelangt. Diese Kammer wird durch Magma (Gesteinsschmelze) aus der Asthenosphäre in grosser Tiefe gespeist. Viele Vulkane befinden sich im Zentrum der Ozeane auf sogenannten mittelozeanischen Rücken (Abb. 4-1). Kontinentale Vulkane werden oft von massiven Aschefreisetzungen begleitet. Diese Vulkane können Dehnungszonen innerhalb von tektonischen Platten (Kontinentalgraben, «Rifts», Abb. 4-2) oder Subduktionszonen («Verschluckungszonen») zwischen zwei tektonischen Platten folgen.

Auf Schweizer Gebiet befinden sich keine Vulkane mit neuerer Aktivität, aber zwei derzeit inaktive vulkanische Zentren befinden sich in der Nähe:

- der Vulkan **Kaiserstuhl**, der im oberen Rheintal (Baden-Württemberg), 80 km nördlich von Basel, liegt. Der kleine Vulkankegel erhebt sich 300 m über den Talboden. Die vulkanische Aktivität begann im Oligozän vor 30 Millionen Jahren, doch die wichtigsten Eruptionen werden auf 19 bis 16 Millionen Jahre im Miozän datiert. Dieser «Rift»-Vulkanismus ist mit dem Rheingraben verbunden, bei welchem die europäische Plat-

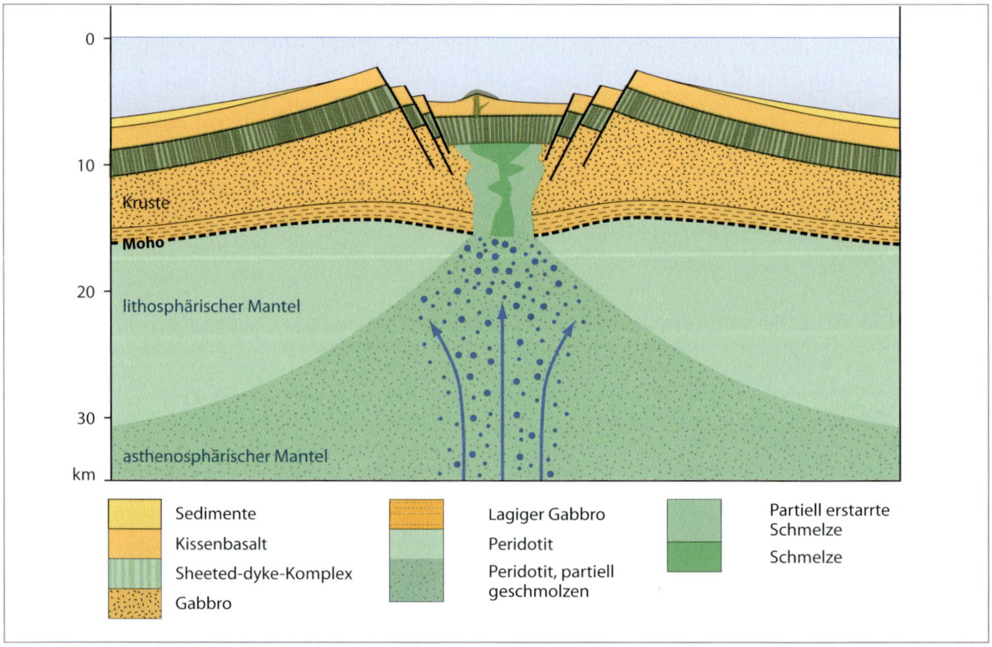

▲ **Abbildung 4-1** *Schematischer Schnitt durch einen Vulkan eines mittelozeanischen Rückens (modifiziert nach Pfiffner et al. 2016).*

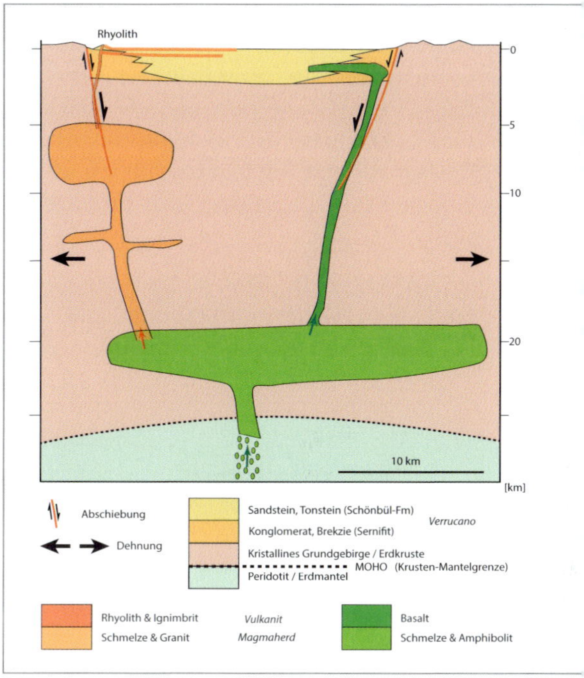

▶ **Abbildung 4-2** *Schematischer Schnitt durch einen Vulkan, der mit einem Kontinentalgraben (einem «Rift») verbunden ist (modifiziert nach Pfiffner 2024).*

te zwischen Vogesen und Schwarzwald auseinanderdriftet und die Erdkruste sich einsenkt (Abb. 4-3). Die Erdkruste ist durch mehrere Verwerfungen zerbrochen; längs solcher Verwerfungen kann das Magma leichter nach oben entweichen und an der Erdoberfläche als Lava austreten.

- die Vulkane des **Hegaus**, im Norden des Bodensees zwischen den Orten Singen, Hohentwiel und Engen. Die Vulkankegel erheben sich ca. 300 m über die fluvio-glazialen Terrassen und besitzen eine sehr typische kegelartige Form (Abb. 4-4, 4-5). Der Vulkanismus begann vor 15 Millionen Jahren, mit einem Aktivitätsmaximum zwischen 13 und 9 Millionen Jahren. Die Vulkane bestehen im Wesentlichen aus Tuff- und Basaltgesteinen. Der Vulkanismus im Hegau entwickelte sich an der Kreuzung zweier tiefer tektonischer Verwerfungszonen: der «Freiburg-Bonndorf-Bodensee-Störungszone» und der «Albstadtverwerfung». Der Vulkanismus hinterliess Asche und Tuff in den Sedimenten der Oberen Süsswassermolasse des Schweizer Mittellandes (https://lgrbwissen.lgrb-bw.de/geotourismus/landschaftsteile-felsen/alpenvorland/hegau-vulkane).

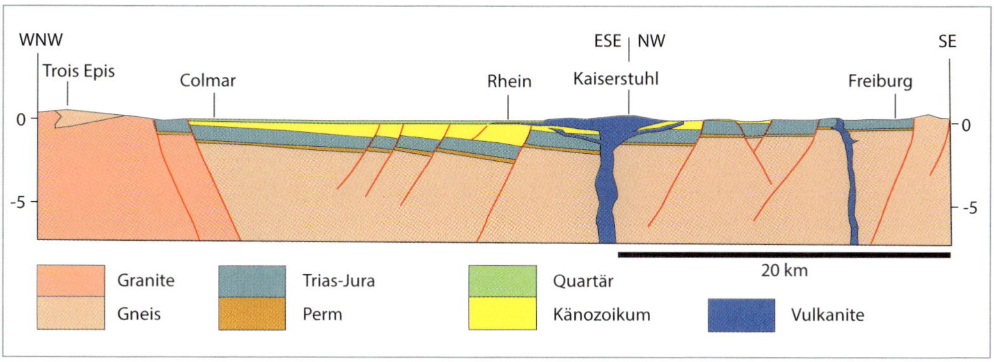

▲ **Abbildung 4-3** *Geologischer Schnitt durch den Oberrheingraben auf der Höhe des Kaiserstuhl-Vulkans (modifiziert und vereinfacht nach:* https://lgrbwissen.lgrb-bw.de/geotourismus/aufschluesse/oberrhein-hochrheingebiet/vulkanite-am-kaiserstuhl*).*

Das **Zentralmassiv** (Frankreich) mit der **Chaîne des Puys** ist das bedeutendste vulkanische Zentrum Europas und liegt nur 250 km westlich der Schweiz. Der Vulkanismus begann hier vor 65 Millionen Jahren. Die vorderhand letzten Eruptionen in der Chaîne des Puys fanden vor 7'000 Jahren statt.

In den Bergen der **Eifel**, nördlich von Bonn, finden sich zwischen 12'900 und 11'200 Jahre alte Asche-Niveaus in den Seesedimenten der «Maare» (vulkanische Seen). Sie zeugen von einem explosiven Vulkanismus, einer Art «Supervulkan», am Ende der letzten Eiszeit. Dieser Vulkan hat im Eifelgebirge eine Caldera mit einem Durchmesser von fast 2 km hinterlassen, den **Laacher See**.

Aschelagen (sog. «Tephras») sind hervorragende Leithorizonte in Seesedimenten, die es ermöglichen, Ereignisse zwischen weit auseinanderliegenden Orten zu vergleichen und zu verbinden. Im Verlauf der

Exkursion

Hohenstoffeln, Besuch eines Hegau-Vulkans

Der etwa 6 km lange Rundgang um den Vulkankegel von Hohenstoffeln beginnt auf einem Wanderparkplatz etwa 1 km südlich des Dorfes Weiterdingen (Koord. 2'699'410/1'294'000, Abb. 4-4). Die Wanderung führt über bequeme Wege und Strässchen. Nach einem steilen Aufstieg über Sennhof und Stofflerhof gelangt man auf die nördliche Seite des Vulkangipfels und erreicht einen ehemaligen Steinbruch. Dieser wurde in den Gesteinen eines ehemaligen Schlotes des Vulkans (einem «Neck») betrieben. Die Gesteine erscheinen als dunkle, hexagonale Säulen (Abb. 4-5 c). Diese bestehen aus sogenanntem «Olivin-Nephelinit». Dies ist ein feinkörniges, dunkles Gestein, welches auch mitgerissene Schollen vom Erdmantel enthalten kann (https://lgrbwissen.lgrb-bw.de/geologie/schichtenfolge/tertiaer/juengere-magmatite-begleitsedimente/hegauvulkan-untergruppe). Ansonsten trifft man dem Weg entlang allenfalls auf dunkle, poröse «pyroklastische» (in der Luft transportierte) vul-

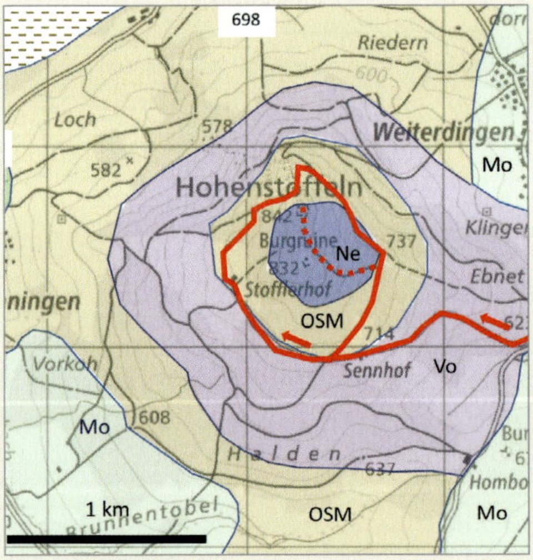

▲ **Abbildung 4-4** *Vereinfachte geologische Karte des Vulkans Hohenstoffeln und Wegbeschreibung der Exkursion (rote Punktlinie, Karte: © swisstopo). Mo: glaziale Moräne, Ne: Nephelinit, Säulenbasalt, OSM: Obere Süsswassermolasse, Vo: Vulkanische Gesteine, Deckenbasalt (Karten: © swisstopo, umgezeichnet).*

letzten Jahrhunderte beeinflussten Ausbrüche weit entfernter Vulkane auch das Leben in der Schweiz. Einer dieser Ausbrüche betraf den Vulkan Lakagigar («Laki») in Island am 8. Juni 1789. Historiker berichten zu diesem Anlass von einer Klimaverschlechterung in Europa, Ernteausfällen und einer Hungersnot. Es wird sogar vermutet, dass die Französische Revolution durch diese Krise ausgelöst worden sei.

Ein weiterer bekannter Fall ist der Ausbruch des Vulkans Tambora (Indonesien) im Jahr 1815, der in Europa und Nordamerika eine Abkühlung verursachte. In Europa sprach man von einem «Jahr ohne Sommer». Die Folgen waren Überschwemmungen, Ernteausfälle und Hungersnöte sowie Epidemien.

Der letzte Vulkanausbruch, der eine globale Klimawirkung (eine vorübergehende Abkühlung) verursachte, war der Ausbruch des Pinatubo (Philippinen) im Jahr 1991.

▲ **Abbildung 4-5** *Vulkan Hohenstoffeln;* **a** *Blick von Nordosten;* **b** *ehemaliger Steinbruch in den Säulenbasalten (Nephelinit) auf der Nordseite des Vulkangipfels;* **c** *Säulenbasalte, entstanden bei der Abkühlung und damit verbundener Schrumpfung der vulkanischen Lava,* **d** *Gebäude im Sennhof, gebaut aus Basaltgestein (Foto: W. Wildi).*

kanische Aschen und geschichtete Basalte (sog. «Deckenbasalte») mit feinen tonigen Zwischenschichten, sogenanntem «Bentonit».

Die Wanderung führt weiter auf die Ostseite des ehemaligen Vulkankegels. Sodann führt ein steiler, unbequemer Weg zur Burgruine Hohenstoffeln, wo sich eine vorzügliche Aussicht auf die umliegende Vulkanlandschaft des Hegaus bietet.

Der Abstieg erfolgt über ein Relief von Deckenbasalten zurück zum Parkplatz.

5 Klimawandel

5.1 Eine kurze Klimageschichte der Nacheiszeit (Holozän, seit 11'7600 Jahren)

Vor etwas 23'000 Jahren zeigten die Alpengletscher der sogenannten Würm- oder Birrfeld-Vereisung ihre letzte maximale Ausdehnung, gefolgt von einer langen Schmelzperiode («Gletscherrückgang», Preusser et al. 2011). Jüngsten Untersuchungen von Eisbohrkernen aus dem grönländischen Eisschild zufolge war der Übergang zum Holozän vor 11'700 Jahren durch eine starke globale Erwärmung gekennzeichnet (Stuiver et al. 1995, https://de.wikipedia.org/wiki/Holoz%C3%A4n#-cite_note-8). Die Klimageschichte der darauffolgenden Nacheiszeit wird von mehreren, kurz dauernden Kaltzeiten geprägt (Mayevski et al. 2004). Von Paläobotanikern wird das Holozän anhand der Entwicklungsgeschichte der Vegetation in fünf Perioden (Präboreal, Boreal, Atlantik, Subboreal und Subatlantik) unterteilt. Vereinfacht lässt sich das Holozän dreiteilen: Das Frühe Holozän (Greenlandian) 11'7000 bis 8'176 BP[1], das Mittlere Holozän (Northgrippian) 8'176 bis 4'200 BP und das Späte Holozän (Meghalayan) von 4'200 BP bis heute.

In Abb. 5-1 ist die zeitliche Abfolge von Temperaturschwankungen, abgeleitet aus den Eisbohrkernen aus Grönland (Stuiver et al. 1995), den globalen Kaltzeiten (Mayewski et al. 2004), den alpinen Kalt- und Warmzeiten sowie Perioden mit nass-kühlem Klima (nach Joerin et al. 2006 und Hormes et al. 2001), zusammengestellt. Eingetragen sind auch die grossen Bergstürze in der Schweiz, welche im nächsten Kapitel näher diskutiert werden. Die Quervergleiche zwischen den verschiedenen Datensätzen ergeben scheinbare Widersprüche, weil das globale Klima nicht streng mit dem lokalen Klima übereinstimmen muss. Zusätzlich sind alle Messwerte auch mit gewissen Unsicherheiten behaftet. Die aus den Eisbohrkernen ermittelten Temperaturen schwanken nach der Erwärmung im Frühen Holozän um etwa 1 °C, sind aber im Mittleren Holozän deutlich höher als im Späten Holozän.

Für die Periodizität der Schwankungen wird auch die Sonnenaktivität verantwortlich gemacht. Kurze Zyklen der Sonnenaktivität haben Perioden von 86,5 und 210 Jahren, die alle 1'470 Jahre zu einer maximalen Überlagerung führen. Diese sogenannten Dansgaard-Oeschger-Zyklen (Mogesen 2009) haben jedoch ein relativ schwaches Signal. Die Klimaschwankungen im viel länger dauernden Pleistozän werden durch Milanković-Zyklen erklärt. Diese Zyklen haben mit der Erdbahngeometrie zu tun und haben längere Perioden: ca. 25'780 Jahre durch die Präzession der Erdrotationsachse, 112'000 Jahre durch die Präzession der Apsiden (Periheldrehung), 41'000 Jahre für die Ekliptigschiefe (Neigung der Erdachse) und 405'000 Jahre für die Exzentrizität der Erdbahn um die Sonne.

[1] BP (before present), bezeichnet Alter, das in Anzahl von Jahren ausgedrückt ist, gezählt bis zum Jahr 1950 des gregorianischen Kalenders. Dieses Datum wurde als Referenzjahr festgelegt, da es mit den ersten grösseren Atomtests zusammenfiel, die den Gehalt an Kohlenstoff-14 in der Atmosphäre veränderten.

▶ **Abbildung 5-1**
Tabellarische Zusammenstellung der globalen und alpinen Klimageschichte des Holozäns. Die Kurve des Temperaturverlaufs links stammt von grönländischen Eisbohrkernen (Stuiver et al. 1995), die globalen Kaltzeiten aus einer Kompilation von Majewski et al. (2004), die alpinen Kalt- und Warmzeiten aus Joerin et al. (2006), die Perioden mit nass-kühlem Klima aus Hormes et al. (2001). Grosse Bergstürze in den Alpen: To (Totalp), K1 (älterer Kandersteg), Ta (Tamins), F (Flims), Si (Siders), Sa (Salez), K2 (jüngerer Kandersteg).

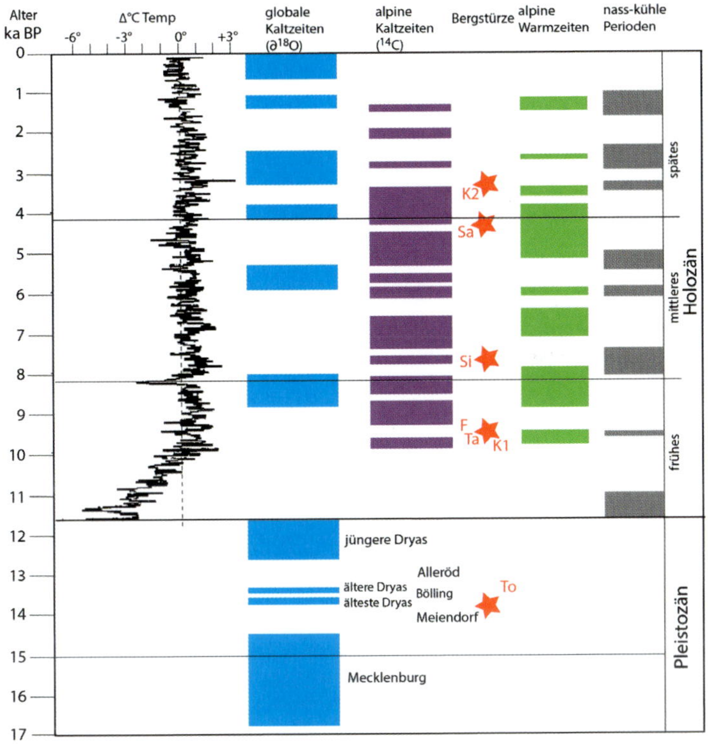

Definitionen (nach Ch. Pfister 1988):

- **Wetter:** momentaner Zustand der Atmosphäre.
- **Wetterlage:** Ein längerfristiger Zustand, dessen Dauer sich aus einer bestimmten Wetterlage ergibt.
- **Klima:** *«... ist die für einen Ort, eine Landschaft oder einen grösseren Raum typische Zusammenfassung der atmosphärischen Bedingungen und meteorologischen Prozesse in Erdnähe, die die Erdoberfläche über einen längeren Zeitraum beeinflussen, mit einer charakteristischen Verteilung der häufigsten, mittleren und extremen Werte.»*
- **Klimawandel:** *«... eine Verschiebung der atmosphärischen Zirkulation, die die charakteristische Verteilung der häufigsten, mittleren und extremen Werte auf eine deutlich erkennbare Weise verändert.»*

Für Informationen, Wettervorhersagen und das Klima in der Schweiz: www.meteosuisse.admin.ch.

Moränen von Reuss- und Linth-Limmat-Gletscher der letzten Eiszeit (Würm- oder Birrfeld-Eiszeit): Endmoränenkranz des Reuss-Gletscher und Drumlinzirkus von Schwand (Menzingen, ZG)

Die Endmoränen der letzten grossen Eiszeit (Würm- oder Birrfeld-Eiszeit) bilden in den Tälern des zentralen und östlichen Mittellandes markante Hügelzüge, die quer zum Talverlauf liegen. Besonders schöne Moränenzüge finden sich etwa im Suhre-, Reuss- und Limmattal.

Die Exkursion über den **Endmoränenkranz des Reuss-Gletschers in Mellingen** ist in einem kompakten geologischen Wanderführer beschrieben (Wildi 2017 a, https://archive-ouverte.unige.ch/unige:97019).

Zur Wanderung: Mellingen kann man mit Bahn und Bus namentlich aus Baden leicht erreichen. Die hier vorgeschlagene Marschroute geht vom südwestlichen Ausgang der Altstadt (Bushaltestelle) aus. Aber man kann auch am SBB-Bahnhof Mellingen–Heitersberg in die Exkursion einsteigen. Die vorgeschlagene Wanderstrecke entspricht etwa 3 Stunden Marschzeit. Es ist aber unumgänglich, noch etwa eine weitere Stunde für die Betrachtung der Gletscherlandschaft hinzuzuzählen.

Station 1: Moränenwall mit scharfer Krete, topografischer Punkt 424. Von Mellingen folgt man dem Wanderweg Richtung Busslingen–Remetschwil. Der Aussichtspunkt liegt auf der rechten Seitenmoräne des Reuss-Gletschers der letzten Kaltphase, vor 20'000 Jahren. Er erlaubt einen weiten Rundblick, von den Alpen der Zentralschweiz und dem oberen Aargauer Reusstal im Süden, zum Ausfluss der Reuss aus dem Becken der ehemaligen Gletscherzunge. Die Stadt Mellingen liegt im Zentrum des Gletscherbeckens auf See- und Flussablagerungen.

Station 2: Von der Station 1 zur Station 2 folgt man weiter dem Wanderweg Richtung Süden und biegt 450 m nach dem Weiler Holzrüti scharf links auf die Waldstrasse Richtung Niederrohrdorf ab. Bald durchquert man die Feuchtzone des Taumooses und erreicht schlussendlich die offenen Wasserflächen der Teiche des Torfmooses. Diese Feuchtgebiete innerhalb der Moränen des Reuss-Gletschers entstanden, als der Reuss-Gletscher zu Beginn seines Abschmelzens vor 20'000 Jahren Eislinsen (sogenanntes «*Toteis*») zurückliess, sodass das Schmelzwasser die Depressionen in der Landschaft nicht mit Sedimenten füllen konnte. In der Glaziologie werden diese Depressionen Toteislöcher («*Kettle-Holes*») genannt. Während der folgenden Warmzeit, dem Holozän, verlandeten diese Zonen allmählich doch oder füllten sich mit Torf. Die offenen Wasserflächen wurden teilweise nachher wieder aufgegraben.

Station 3: Nach dem Besuch der «*Kettle-Holes*» führt die Wanderung in abwechs-

▲ **Abbildung 5-2 a** *Findlingsgruppe auf der Moräne von Mellingen.*

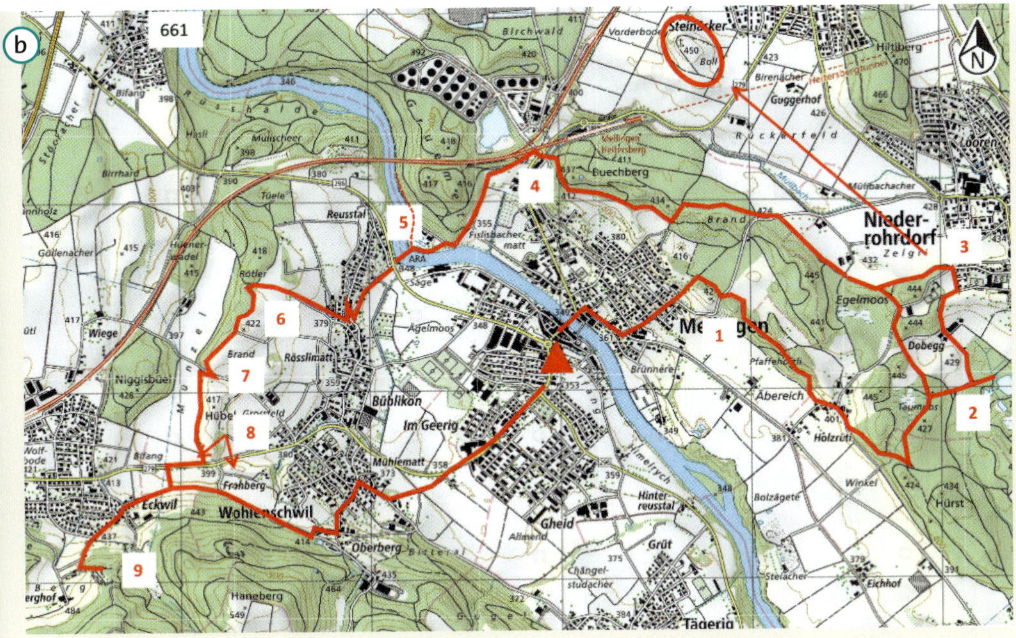

▲ b *Exkursionkarte über die Endmoränen des Reuss-Gletschers bei Mellingen (© swisstopo).*

lungsreichen Moränenlandschaften weiter in Richtung Nordwesten bis zum Buechberg. Die weite Ebene zwischen Moränenwällen und den ersten Häusern von Niederrohrdorf, das Rückerfeld, ist eine Schwemmebene von Kies und Sand, welche durch die aus dem Gletscher austretenden Schmelzwasser aufgeschüttet wurde. Auf der geologischen Karte werden diese Ablagerungen als «Gletscherrandschotter» bezeichnet. Beim Blick über diese Schwemmebene in nordwestlicher Richtung erkennt man eine symmetrische Geländekuppe, welche die Ebene und einen sanften Moränenhügel überragt, den «Boll». Diese Kuppe besteht aus Moränenmaterial und wird einem älteren Moränenwall zugeordnet. Sie wurde nach der Ablagerung nochmals durch den Gletscher überfahren und erhielt so ihre Form.

Station 4: Die Station liegt am Waldeingang gleich oberhalb eines Wendeplatzes. Eine Informationstafel weist auf ein Naturreservat hin und zeigt, dass die vielseitige Moränenlandschaft von Mellingen auch für Fauna und Flora von Bedeutung sein kann.

Station 5: Beim Fussgänger- und Fahrradsteg über die Reuss tritt der Fluss in den engen Durchbruch durch die Stirnmoräne der letzten Eiszeit ein. Wie oben bereits erwähnt, befand sich das Gletschertor bereits am Ende der Eiszeit an dieser Stelle. Wer einen Abstecher dem Uferweg entlang wagt, wird etwas unterhalb dieser Stelle bei nicht allzu hohem Wasserstand grosse erratische Blöcke im Flussbett entdecken.

Station 6: Vom Fussgänger- und Radfahrersteg über die Reuss erfolgt der Aufstieg zur Frontmoräne des Reuss-Gletschers im Westen des Städtchens Mellingen. Auf der Krete der Moräne folgt man dem Strässchen Richtung Süden bis zur markanten Kuppe des topografischen Messpunktes 422. Hier bietet sich eine schöne Übersicht über das Zungenbecken des Reuss-Gletschers an.

Station 7: Die Station entspricht einer markanten Baumgruppe von Eichen und Buchen auf der Moränenkrete. Die Baumgruppe beschattet eine Ansammlung grosser erratische Blöcke (Findlinge), welche der Reuss-Gletscher hier ablagerte. Unter den ausschliesslich alpinen Gesteinen dominieren Blöcke von Nagelfluh, d.h. groben Konglomeraten. Diese stammen aus der sogenannten Subalpinen Molasse, welche die Bergketten von Rigi und Rossberg aufbauen. Der grösste sichtbare Block hat eine maximale Grösse von etwa 5 m. Die Wanderung führt weiter in einer weiten Talung, in welcher aber kein Gewässer fliesst. Es handelt sich um ein sogenanntes Trockental. Hier floss im letzten Gletschermaximum das Schmelzwasser aus der Gletscherfront ab und schüttete den Talgrund mit Kies und Sand auf.

Station 8: An dieser Station kreuzt die Wanderung die Kantonsstrasse. Besonders bemerkenswert ist einerseits die Findlingsgruppe von Nagelfluhblöcken, die am Strassenrand aufgestellt wurde, und andererseits die scharfe Moränenkrete, die in Richtung von Wohlenschwil zieht.

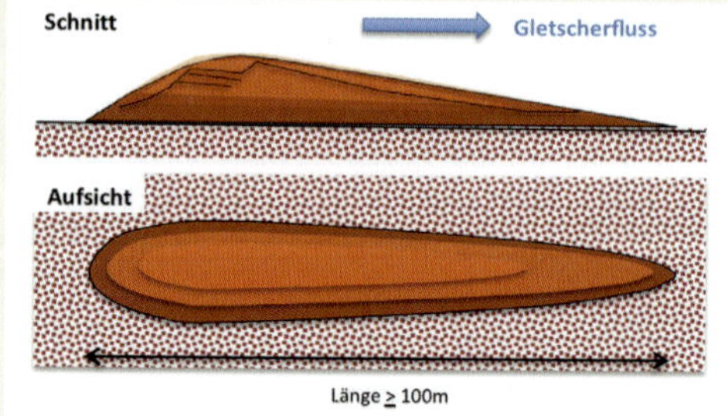

▲ **Abbildung 5-3** *Aufsicht und schematischer Schnitt durch einen Drumlin.*

Station 9: Steinbruch im Muschelsandstein der Molasse von Mägenwil. Die Molasse bildet hier das Felssubstrat des ehemaligen Gletscherbeckens.

Eine besonders attraktive Moränenlandschaft entstand während der letzten Eiszeit im Grenzbereich von Linth-Limmat- und Reuss-Gletscher, zwischen Zugersee und Zürichsee. Die hier vorgeschlagene Exkursion führt in den Moränen- und Drumlinzirkus von **Schwand bei Menzingen** (**Zug**, https://erlebnis-geologie.ch/geoevent/geo-wanderung-im-drumlinzirkus-von-schwand-menzingen/ Wildi 2017 b). Menzingen erreicht man am leichtesten ab Zug mit dem Bus. Als Ausgangspunkt für die kurze Geo-Wanderung

Zu Beginn des **Frühen Holozäns** erwärmte sich die Nordhalbkugel innerhalb von 20 bis 40 Jahren um ca. 6 °C, in Grönland sogar um 10 °C. Die Steppenlandschaft verwandelte sich in der Folge rasch in eine von Büschen besetzte Landschaft. Mehrere grosse Säugetierarten verschwanden aufgrund des Abschmelzens der Eiskappen in Nordamerika. In Schottland und Skandinavien stieg der Meeresspiegel um etwa 120 Meter an. Die Zungen der Alpengletscher schrumpften etwa auf die heutige Ausdehnung. Eine kurzzeitige, markante Abkühlung erfolgte vor 8'200 Jahren (vgl. Abb. 5.1) Sie wird als 8,2-kJahr-Ereignis bezeichnet und dürfte auf das Ausfliessen eines riesigen Schmelzwassersees von der Hudson Bay in den Nord-Atlantik zurückzuführen sein (Le Grand, 2009). Die grossen Süsswassermassen legten kurzzeitig den Golfstrom lahm und verursachten eine Abkühlung auf dem europäischen Kontinent.

schlagen wir den Weiler von Schwand vor (Koord. 2'688'750 / 1'227'400). Von Menzingen kommend, erreicht man den Weiler über ein schmales Fahr- und Wandersträsschen (Wegweiser im Dorfkern von Menzingen Richtung Brettigen–Schwand).

Die «Drumlins» von Schwand bestehen aus Moränenmaterial. Sie wurden nach der Ablagerung der Sedimente nochmals durch die Gletscher überfahren und zu «Walfischrücken» abgerundet (Abb. 5-3).

Die Abbildung 5-4 b beschreibt den Rundweg im Inneren des Drumlinzirkus'. Die Exkursion folgt kleinen Strässchen und Wegen, welche keine besonderen Ansprüche an die Tüchtigkeit der Geowanderer stellen. Die Marschzeit beträgt nicht mehr als eine Stunde (einzige Schwierigkeit ist der Rundgang mit den unterwegs anzutreffenden Hofhunden!).

Die Abbildung 5-4 a illustriert die unterwegs angetroffenen Drumlins. Jeder Drumlin trägt auf seinem Scheitel einen Lindenbaum. Wir empfehlen diese Wanderung ohne weiteren Kommentar. Der Besucher kann sich die eisige Landschaft in Anwesenheit der beiden grossen Gletscher selber vorstellen.

a

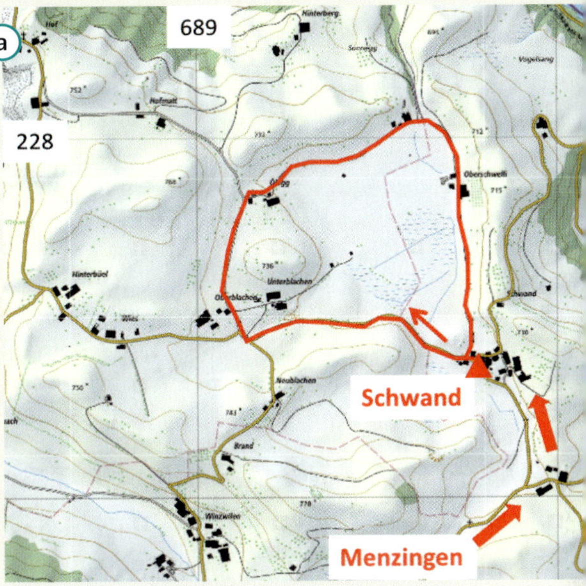

b

▲ **Abbildung 5-4 a** *Exkursionskarte im Drumlinzirkus von Schwand.* **b** *Drumlinzirkus von Schwand (Menzingen).*

Während des **Mittleren Holozäns** herrschten in der Erdatmosphäre die höchsten postglazialen Temperaturen. Die Gletscher in den Alpen verschwanden fast vollständig. Im Schweizer Mittelland entwickelten sich Wälder mit Eichen, Buchen, Linden, Haselnusssträuchern und Ulmen. Während dieses «thermischen Optimums» waren die Temperaturen möglicherweise etwas höher als zu Beginn des 21. Jahrhunderts. Zu Beginn dieser Periode ereigneten sich in den Alpen grosse Bergstürze (siehe Kapitel 6).

Während des **Späten Holozäns** ist ein allgemeiner Trend zu niedrigeren Durchschnittstemperaturen zu beobachten, allerdings mit deutlichen Schwankungen:

- Vor etwa 3'000 Jahren v. Chr. begann eine Kälteperiode, das «**Klimapessimum der Bronzezeit**». Die Jahresdurchschnittstemperatur war damals tiefer als heute, was diese Periode zu einer der kältesten seit dem Ende der Würm-Eiszeit macht.

- Diese Periode dauerte etwa bis zur Mitte des ersten Jahrtausends v. Chr. und ging dann in ein neues Klimaoptimum über, das als «**Optimum der Römerzeit**» (200 v. Chr.–150 n. Chr.) bezeichnet wird. Die Sommertemperaturen in Europa stiegen damals an, lagen aber wahrscheinlich etwas unter den heutigen Werten (Harper 2021).
- Eine weitere Verschlechterung des Klimas begleitete den Untergang des Römischen Reiches («**Pessimum der Völkerwanderungszeit**»), zunächst mit einer Übergangszeit von 150–450 n. Chr., dann der «**Kleinen Eiszeit der Spätantike**» (450 n. Chr. –700 n. Chr.). Die darauffolgende Erwärmung im achten und neunten Jahrhundert wird als «**Mittelalterliches Klimaoptimum**» (oder «**Mittelalterliche Klimaanomalie**») bezeichnet. Während dieser Warmzeit fand die Besiedlung Grönlands durch die Wikinger statt. In den Alpen (z. B. im Wallis) wurde bis zu einer Höhe von 2'000 m Getreide angebaut. Die Gletscherzungen schmolzen im Vergleich zu heute weit zurück und die hochgelegenen Alpenpässe konnten praktisch «trockenen Fusses» überquert werden (Fauchère 2014).
- Ab dem Ende des dreizehnten Jahrhunderts kühlte sich das Klima langsam, aber spürbar ab (Nicolussi et al. 2022). Diese Periode ging als «**Kleine Eiszeit**» in die Geschichte ein. Ab 1550 dehnten sich die Alpengletscher rasch aus, erreichten die Talsohlen und schwankten bis zu einer letzten maximalen Ausdehnung um 1850. Diese klimatischen Verschlechterungen führten zu Missernten und Hungersnöten. Auch die Pest und der Dreissigjährige Krieg belasteten die Bevölkerungsentwicklung, führten zu Landflucht und liessen eine grosse Zahl von Menschen aus Europa nach Amerika abwandern. Seit der letzten maximalen Abkühlung um 1850 erwärmt sich die Erdatmosphäre seit nunmehr 175 Jahren wieder in Schritten, wobei die menschliche Aktivität zu dieser Erwärmung beiträgt.

5.2 Gletschergeschichte des Holozäns

Im Alpenland Schweiz ist die Entwicklung der Gletscherzungen ein guter Indikator für den Klimawandel, auch wenn die Ausdehnung der Gletscher von mehr als einem Parameter abhängt, z. B. von den Sommertemperaturen, den Niederschlägen in den vier Jahreszeiten und der Sonneneinstrahlung.

Sobald ein Gletscher schmilzt, wird sein altes Bett wieder besiedelt, zunächst von einer Pioniervegetation aus Sträuchern, kleinen Birken, Arven und Lärchen. Seit dem Ende der letzten Eiszeit haben sich in den von den Gletscherzungen verlassenen Gebieten mehrmals Wälder entwickelt. Anlässlich des erneuten Vorstosses der Gletscher wurden nicht alle Stämme der von den Gletschern zermalmten Bäume entwurzelt und vom Eis weggetragen, sondern blieben oft bis heute an Ort und Stelle verankert. So werden im Zuge des derzeit stattfindenden Gletscherrückzugs immer wieder Baumstämme aus früheren Perioden des Holozäns freigelegt, während denen die Gletscherzungen weniger ausgedehnt waren als heute (Abb. 5-5).

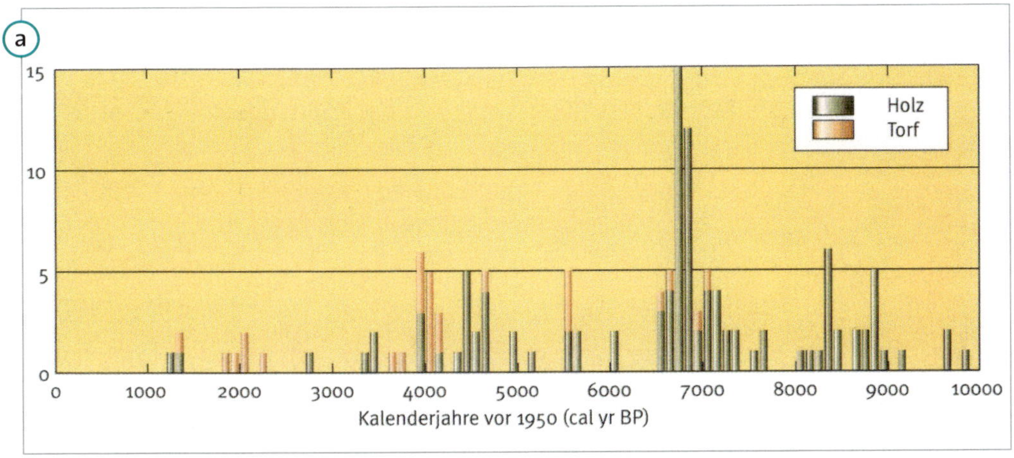

▲ **Abbildung 5-5 a** *Altersverteilung (Jahre BP = Jahre vor 1950) der Holz- und Torfproben, die in den letzten Jahren im Vorfeld der abschmelzenden Gletscher datiert wurden, nach Herkunft: Berner Oberland (insbesondere Unterer Aare-Gletscher), Bernina, Wallis. Die Grafik zeigt die Zeiträume von geringer Gletscherausdehnung und dem Vorkommen von Wäldern und Mooren in heute vergletscherten Regionen (© Ch. Schlüchter, Schlüchter & Joerin 2004).*

Die Datierung der Stämme, sei es durch Dendrochronologie anhand der Baumringe, oder sei es durch 14C-Isotope, ermöglichte es Hormes et al. (2001), Schlüchter & Joerin (2004) sowie Joerin et al. (2006), einen Kalender mit 12 Perioden zu rekonstruieren, während deren sich die Alpengletscher weniger weit ausdehnten als heute (vgl. Abb. 5-5 b; Jahre vor 1950 mit geringerer Gletscherausdehnung). Es zeigt sich, dass diese Perioden mit reduzierten Gletschern insgesamt eine Dauer von etwas mehr als 5'000 Jahren hatten, was fast der Hälfte der Dauer des Holozäns entspricht.

Der letzte grosse Gletschervorstoss des Holozäns war die Kleine Eiszeit vom vierzehnten Jahrhundert bis etwa zum Jahr 1850. Abb. 5.6 a, b veranschaulicht die Ausdehnung des «Mer-de-Glace»-Gletschers im Mont-Blanc-Gebirge zur Zeit des Maximalstandes der letzten Eiszeit und des letzten Maximalstandes der Kleinen Eiszeit im Jahr 1850.

◄ **b** *Baumstamm, der vor der Front des abschmelzenden Mont-Miné-Gletschers auftauchte und aus einer Zeit stammt, während der sich die Gletscherzunge weniger weit ausdehnte als heute. Der Stamm wurde abgesägt, um Proben für die Datierung zu entnehmen (Foto: W. Wildi).*

Exkursion

Gletscherrückgang des Mer de Glace-Gletschers von der Kleinen Eiszeit bis heute

Die Tour beginnt in der Nähe des Hubschrauberlandeplatzes von Chamonix-Les Praz, nordöstlich der Stadt, etwa 15 Gehminuten vom Bahnhof Les Praz entfernt, (Abb. 5-3 c). Gutes Schuhwerk und die Fähigkeit, 500 m auf zum Teil recht steilen und steinigen Pfaden aufzusteigen, sind erforderlich. Diese Tour zeigt die Moränenwälle und die tiefe Gletscherschlucht des Arveyron, des subglazialen und proglazialen Flusses des Mer-de-Glace-Gletschers, von der Kleinen Eiszeit bis heute.

Überqueren Sie zunächst die Brücke über den Arveyron und biegen Sie rechts ab (Abb. 5-6 c). Bei der Ferme d'Ortha überquert die Strasse den Abfluss des Wasserkraftwerks, das einen Teil des Wassers des subglazialen Flusses des Mer-de-Glace-Gletschers nutzt. Etwa 500 m nach der Brücke kommen Sie zur Haltestelle 1.

Haltestelle 1, Pierre d'Ortha: Es handelt sich um einen Granitblock, der aus dem zentralen Teil des Mont-Blanc-Massivs stammt. Dieser erratische Block wurde von der Gletscherzunge des Mer-de-Glace-Gletschers am Ende der letzten Eiszeit, während des Dryas III-Vorstosses (ca. 10'700–8'700 Jahre v. Chr.), abgelagert. Dieser Granitblock ist eines der Argumente, die die grosse Ausdehnung der Gletscher während der letzten Eiszeit beweisen. Er wurde lange Zeit für Bauzwecke genutzt, wie man an den Spuren erkennen kann, die Meissel und Hammer bei der Bearbeitung hinterlassen haben. Von der Pierre d'Ortha aus folgt man der kleinen Strasse («Chemin des carrières») am orografisch linken Ufer des Arveyron flussaufwärts. Nach fast 1,5 km weist eine Holztafel auf die «carrières» (Steinbrüche) hin.

Haltestelle 2, Steinbrüche («carrières»): Bei den Steinbrüchen handelt es sich um Werkstätten, die auf einer Moräne des Mer de Glace lagen. Im 17. Jahrhundert nutzten die Einwohner diese Granitblöcke für Bauarbeiten in der Stadt Chamonix. Die Blöcke wurden zunächst in eine provisorische Form gebracht, bevor sie in die Stadt transportiert wurden. Diese Arbeit wird auf Tafeln entlang eines kurzen Rundwegs im Wald erklärt. Der Besuch dauert etwa eine halbe Stunde. Von den «carrières» kehrt man zurück zu einem Bauernhaus und überquert den Fluss Arveyron über eine kleine Brücke.

Haltestelle 3, Gletscherfront zur Zeit des Maximums der Kleinen Eiszeit: Die Auswaschungsebene (Sandur) des Mer-de-Glace-Gletschers während der Kleinen Eiszeit erstreckt sich vom Heliport bis zur Grenze des Waldes, wo Moränenwälle aus riesigen Granitblöcken die maximale Ausdehnung des Mer-de-Glace-Gletschers während der Kleinen Eiszeit markieren. Die Morphologie dieser Wälle ist chaotisch; heute bedeckt ein junger Wald das gesamte Gebiet. Sodann steigt man auf einem der gut ausgeschilderten Wanderwege zu den Gorges de l'Arveyron auf. Der Weg folgt dem Moränenkamm der grössten Ausdehnung des Eisstroms.

Haltestelle 4, Gorges de l'Arveyron: Nach 30 bis 40 Minuten erreicht man die felsige Plattform der Gorges de l'Arveyron. Von diesem Felsvorsprung aus hat man einen schönen Blick auf die Schlucht, die durch das Schmelzwasser des Arveyron während der letzten Eiszeit entstanden ist. Von hier aus erkennt man auch deutlich den Unterschied zwischen Flusserosion in der steilen Schlucht, glazialer Politur an den Talschul-

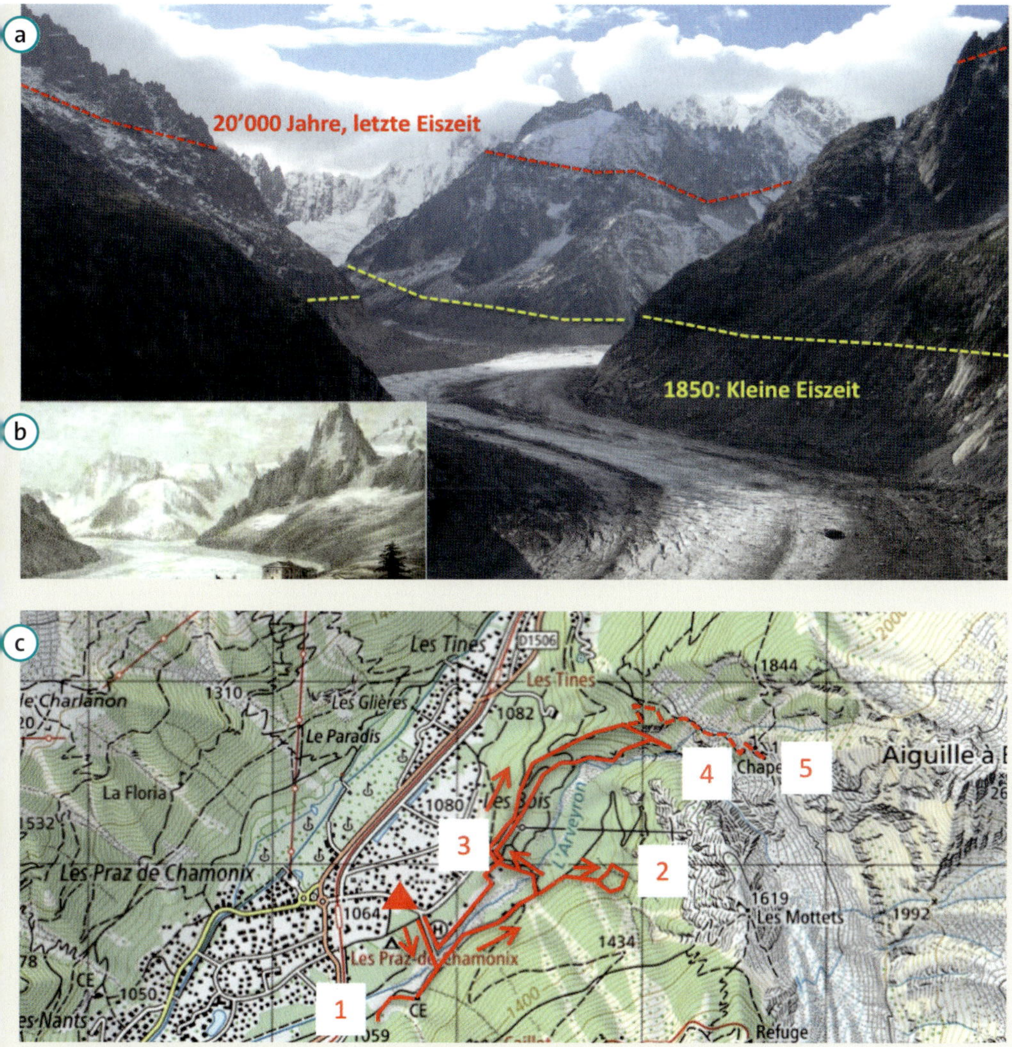

▲ **Abbildung 5-6**

a *Mer-de-Glace 2014, Ausdehnung des Gletschers während des Maximalstandes der letzten Eiszeit vor 20'000 Jahren und während der Kleinen Eiszeit um 1850 (Foto: W. Wildi, Wildi 2014).*

b *Montenvers und Mer-de-Glace während der Kleinen Eiszeit (*http://www.glaciers-climat.fr/Mer_de_glace/La_Mer_de_glace.html*).*

c *Exkursionskarte zum Abschmelzen des Gletschers nach der Kleinen Eiszeit.*

tern und Frostsprengung an den Felsen der höheren Gipfel. Der Aufstieg zum «Le Chapeau» ist steil und dauert etwa eine Stunde.

Haltestelle 5, Le Chapeau: Von der Terrasse dieses Rastplatzes auf 1576 m ü. M. hat man einen schönen Blick auf die Gletscherfront des Mer de Glace, etwa 200 m unterhalb, im Gletschertal, und auf die rezenten und aktuellen Moränenrücken und Gletscherseen.

▲ **Abbildung 5-7** *Glacier de Bois (Mer-de-Glace-Gletscher) bei Chamonix um 1850 (Grundmann um 1850, «Découverte et sentiment de montagne», coll. Payot, Annecy, 1986).*

▲ **Abbildung 5-8** *Maximaler Gletscherstand gegen Ende der Kleinen Eiszeit. Gletscher von Ferpècle (links) und Mont Miné (rechts) (© Graphische Sammlung ETHZ, Bühlmann 1835).*

Die Ausdehnung des Gletschers bis in den Talgrund bei Chamonix um das Jahr 1850 ist in Abb. 5-7 dargestellt.

Seit dem Ende des 19. Jahrhunderts wird der Rückgang der Gletscher durch die Messungen des *Schweizerischen Gletschermessnetzes* verfolgt (GLAMOS, https://glamos.ch/#/E23-16). Abb. 5-9 zeigt die Spuren der maximalen Ausdehnung des Mont-Miné-Gletschers während der letzten Eiszeit vor 20'000 Jahren und während der Kleinen Eiszeit um das Jahr 1850. Die Radierung von Bühlmann aus dem Jahr 1835 (Abb. 5-8) zeigt in etwa den Maximalstand. Die Abschmelzgeschichte des Mont-Miné-Gletschers ist in Abb. 5-10 dargestellt.

▲ **Abbildung 5-9** *Mont-Miné-Gletscher im Jahr 2012; Ausdehnung während des Maximalstandes der letzten Eiszeit vor 20'000 Jahren und während der Kleinen Eiszeit um 1850 (Foto: W. Wildi, Wildi et al. 2015).*

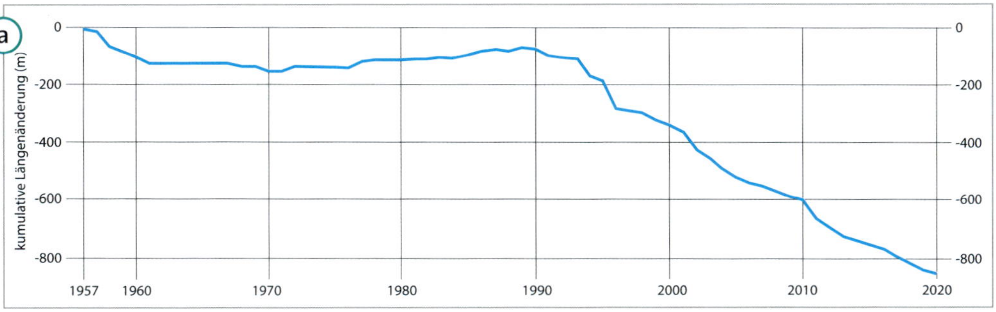

▲ **Abbildung 5-10 a** *Kumulative Längenänderung (Verkürzung) des Mont-Miné Gletschers seit 1960 (https://glamos.ch/#/E23-16).*
▶ **b** *Rückschmelzen der Gletscher von Ferpècle und Mont Miné von 1861 bis 2001 (Masset 2012, © swisstopo).*

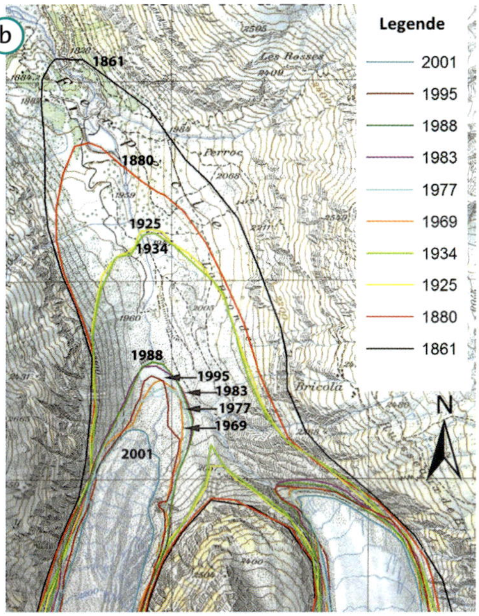

Gletscher, egal ob wachsend oder schrumpfend, können eine Gefahr für die Talbevölkerung darstellen. So weckt etwa der **Allalin-Gletscher** im Saastal schlechte Erinnerungen an Eisabbrüche und Überschwemmungen des Tals infolge von Dammbrüchen in temporären Gletscherseen. Die Archive berichten namentlich von folgenden Ereignissen (https://fr.wikipedia.org/wiki/Glacier_de_l'Allalin):

- *«8. September 1589: Überschwemmungen und Zerstörung der Talstrasse;*
- *1626: Schwere Überschwemmungen führen zur Evakuierung eines Teils der Bevölkerung;*
- *1629, 1630: Überschwemmungen und Schäden im Tal;*
- *4. August 1633: Schwere Überschwemmungen, 18 Häuser und 6000 Bäume werden zerstört oder beschädigt, die Hälfte der Bevölkerung des Tals muss das Gebiet verlassen;*
- *1680: Hochwasser im Sommer zerstört Brücken und verursacht Schäden im Tal;*
- *1719, 1724, 1733, 1740: Überschwemmungen;*
- *1752, 1755, 1764, 1766: Überschwemmungen; 1755 Überschwemmungen im Winter, obwohl das Phänomen normalerweise im Sommer auftritt;*
- *17. September 1772: Eine plötzliche Flut beschädigt 18 Häuser;*
- *1790, 1793, 1798, 1808, 1827: Überschwemmungen;*
- *1828, 1834, 1837, 1839, 1850: Überschwemmungen;*
- *1920–1922: Einige kleinere Überschwemmungen;*
- *30. August 1965: Mattmark-Katastrophe;*
- *31. Oktober und 1. November 1999: Etwa 160.000 m³ Eis brechen ab, verursachen aber keine Schäden;*
- *30. Juli 2000: 1 Million m³ lösen sich um 8:52 Uhr, keine Schäden.»*

▲ **Abbildung 5-11** *Giétro-Gletscher zwischen dem Mont Pleureur und dem Mont Mauvoisin, mit den Resten des Gletschersees (Val de Bagnes, VS), naturgetreu gezeichnet durch H. C. Escher von der Linth am 23. Juli 1818. Federzeichnung, Aquarell, 26 x 26,5 cm (© Graphische Sammlung, ETH Zürich, Nr. 223 = Inv. C XII 13b).*

▲ **Abbildung 5-12** *Hochwasser der Simme an der Barbarabrücke oberhalb von Lenk im Sommer 2018, nach dem Ausbruch des Gletschersees Plaine Morte (Foto: © Bruno Petroni / Tamedia AG, 7/03/24).*

Die Mattmark-Katastrophe ereignete sich während des Baus des Mattmark-Staudamms: Am 30. August 1965 brach eine grosse Eismasse vom Gletscher ab und stürzte 400 m talwärts auf die Baustelle. 88 Arbeiter kamen dabei ums Leben.

▲ **Abbildung 5-13** *Maximale Ausdehnung der Alpengletscher während der letzten Eiszeit (Bini et al. 2009, © swisstopo).*

▲ **Abbildung 5-14** *«Zürich zur Gletscherzeit» (Oswald Heer 1865).*

Ein weiteres Beispiel für eine Katastrophe, die mit der Bildung eines Gletschersees und seinem katastrophalen Abfluss zusammenhing, findet sich beim **Giétro-Gletscher** im Val de Bagnes. Dieser Gletscher wuchs während der Kleinen Eiszeit stark an und drang bis ins Tal vor, auf die Höhe des heutigen Staudamms von Mauvoisin. Der Gletschervorstoss staute den Fluss zu einem See (Abb. 5-11). Der Bruch des Eisdamms führte am 25. Mai 1595 zu einer monumentalen Flut, bei der 140 Menschen ums Leben kamen und 500 Häuser im Tal zerstört wurden. Weitere Hochwasser sollen sich in den Jahren 1640 und 1817 ereignet haben, allerdings mit weniger dramatischen Folgen.

Derzeit bilden sich am Rande oder vor der Stirn der abschmelzenden Alpengletscher vor allem während der grossen Sommerhitze zahlreiche Seen, die zunächst zu Warnungen der Behörden und bei Dammbrüchen zu beeindruckenden Hochwassern führen (Abb. 5-12).

Die schlimmste Klimakatastrophe, die man sich in unseren Breitengraden vorstellen kann, wäre eine neue Eiszeit. Ein solches Ereignis würde das Land unbewohnbar machen. Die Abb. 5-13 stellt die maximale Ausdehnung der Alpengletscher während der letzten Eiszeit dar. Abb. 5-14 ist eine bildliche Darstellung des Linth-Gletschers in Zürich, während derselben Kaltzeit. Eine künftige Eiszeit könnte zu einer vergleichbaren Ausdehnung der Gletscher führen.

Sollten die Alpengletscher in naher Zukunft hingegen weiter abschmelzen, so werden sich hinter den von den Gletschern befreiten Gletscherriegeln Seen bilden. Durch das Auftauen des Permafrostbodens provozierte Felsstürze, Hangrutsche und Murgänge könnten dann vermehrt zu Überflutungen von Infrastrukturen und Siedlungsräumen führen.

Exkursion

Abschmelzen der Gletscher von Mont Miné und Ferpècle seit dem Ende der Kleinen Eiszeit im Jahr 1850

Vorgeschlagene Exkursionsroute (Abb. 5-15)

1. Start der Exkursion auf dem Parkplatz oberhalb der Alp von Ferpècle (Koord. 2'608'465/1'101'140).
2. Roches moutonnées (abgeschliffene Felsbuckel) mit Gletscherschliff am Strassenrand (Koord 2'608'557/1'101'100).
3. Von Murgängen gesäumter Bach (Koord. 2'608'667/1'100'910).
4. Blick auf die Gletscherschlucht, die der Gletscherfluss während und nach der letzten Eiszeit in den Felsuntergrund gegraben hat (Koord. 2'608'577/ 1'100'822).
5. Pumpbecken des Grande-Dixence-Staudamms, Gletschermilch (Koord. 2'608'570/ 1'100'738).
6. Maximale Ausdehnung des Gletschers der Kleinen Eiszeit um 1850.

7. Aussichtspunkt auf die Fronten des Ferpècle-Gletschers (im Osten) und des Mont-Miné-Gletschers (im Westen) (Koord. 2'608'703/ 1'100'449).
8. Toteismulde (*«Kettle Hole»*) (Koord. 2'608'692/ 1'100'353).
9. Moränenwälle, die während des Gletscherrückzugs um 1930 entstanden sind (Koord. 2'608'773/ 1'100'202).
10. Damm; Blick auf den ehemaligen proglazialen See (Koord. 2'608'850/ 1'099'845).
11. Gletschermoräne, die auf einem Granit-Rundhöcker ruht (Koord. 2'609'090/ 1'099'830).
12. Schwemmebene, ehemaliger proglazialer See und seine feinen Sedimente (Koord. 2'608'864/ 1'099'780).
13. Seitenmoräne des Glacier du Mont Miné, maximale Ausdehnung während der Gletscher während der Kleinen Eiszeit um 1850.
14. Sandur (Schwemmkegel) (Koord. 2'609'058/ 1'099'380).
15. Felsdrumlin (*«roche moutonnée»*) unter Moränenbedeckung (Koord. 2'608'923/ 1'099'370).
16. Schwemmkegel des Mont-Miné-Gletschers, überlagert von der subglazialen («basalen») Moräne der Kleinen Eiszeit (Koord. 2'608'920/ 1'099'267).
17. wie 16, mit alten Baumstämmen aus der Zeit des starken Gletscherrückzugs vor ca. 9000 bis 1000 Jahren (Koord. 2'608'872/ 1'099'102).
18. Felsen, die unter dem Gewicht des Gletschers zerbrochen sind (Koord. 2'608'710/ 1'098'850).
19. Gletschertor (zieht sich pro Jahr um ca. 30–35 m zurück).

Vorsicht: Der Zugang zum Glacier du Mont Miné erscheint einfach. Aber: Man befindet sich hier in einer alpinen Umgebung auf 2'000 m Höhe und die Unfallgefahr ist real. Hier ein paar Tipps:

- Angemessene Kleidung und festes Schuhwerk sind empfehlenswert. Gewitter reisen in diesem Gebiet schnell, und die Wege zwischen dem Überlauf bei Punkt 10 (siehe Karte) und der Gletscherfront sind steinig und oft rutschig.
- Es ist nicht ratsam, Gletscherbäche anders als über Brücken zu überqueren. Das Wasser ist sehr kalt, kann Eisblöcke mit sich führen und der Boden ist instabil.
- Halten Sie sich nicht in der Nähe des Hangs entlang der Seitenmoräne der linken (westlichen) Seite auf! Blockabbrüche treten vor allem bei Regen und starker Sonneneinstrahlung auf (Tauwetter in der Höhe)!
- Vorsicht bei der Annäherung an die Gletscherfront: Felsbrocken in allen Grössen liegen auf dem Gletscher und können abrutschen.
- Halten Sie sich nicht im Gletschertor auf: Einsturzgefahr.

Literaturhinweis: Wildi, W., Gurni, P. & Sartori, M. (2015): *Guide des paysages glaciaires du Val d'Hérens / Führer durch die Gletscherlandschaften des Val d'Hérens / Glacial landscapes of the Val d'Hérens (Valais, Switzerland,* www.erlebnis-geologie.ch/geoevent/gletscherlandschaften-des-val-dherenspaysages-glaciaires-du-val-dherens).

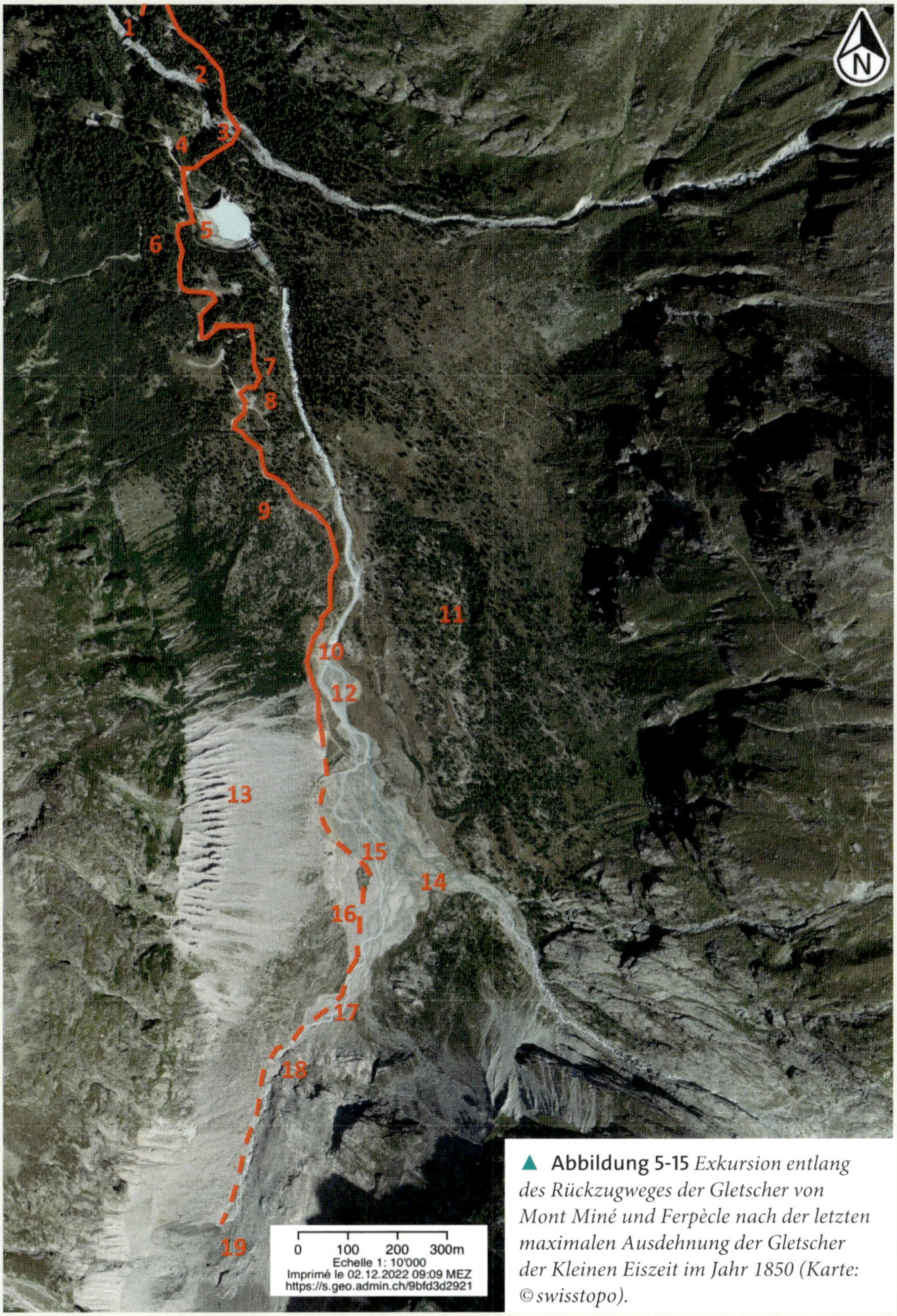

▲ **Abbildung 5-15** *Exkursion entlang des Rückzugweges der Gletscher von Mont Miné und Ferpècle nach der letzten maximalen Ausdehnung der Gletscher der Kleinen Eiszeit im Jahr 1850 (Karte: © swisstopo).*

6 Gravitative Prozesse

In diesem Kapitel befassen wir uns mit natürlichen Prozessen und von der Schwerkraft gesteuerten Ereignissen, die zahlreiche Spuren in den Landschaften und vor allem in den Alpen hinterlassen haben:

- Bergstürze
- Felsstürze
- Hangrutsche
- Murgänge
- Lawinen

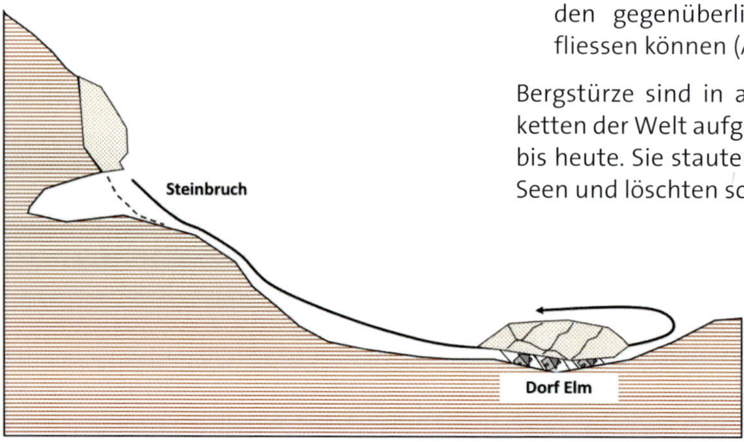

▲ **Abbildung 6-1** *Schematische Darstellung eines Bergsturzes am Beispiel des Bergsturzes von Elm im Jahr 1881. Der Bergsturz wurde durch unsachgemässen Abbau im Steinbruch ausgelöst.*

6.1 Bergstürze

Grosse Bergstürze können wie folgt charakterisiert werden:

- grosse bis gigantische Gesteinsmengen von mindestens 1 Million m^3, die in Form von intern zerstörten Massen mit hoher Geschwindigkeit (bis etwa 100 km/h) von steilen Bergflanken losbrechen und abstürzen;
- dank ihrer Geschwindigkeit und der enormen potenziellen Energie können sich diese Gesteinsmassen über grosse Entfernungen bewegen, vom steilen Hang in die Ebene des Talbodens, wo sie sich ausbreiten und manchmal sogar den gegenüberliegenden Hang hoch fliessen können (Abb. 6-1).

Bergstürze sind in allen grossen Gebirgsketten der Welt aufgetreten, von der Urzeit bis heute. Sie stauten Flüsse, verursachten Seen und löschten schon ganze Dörfer aus.

Exkursion

a

b

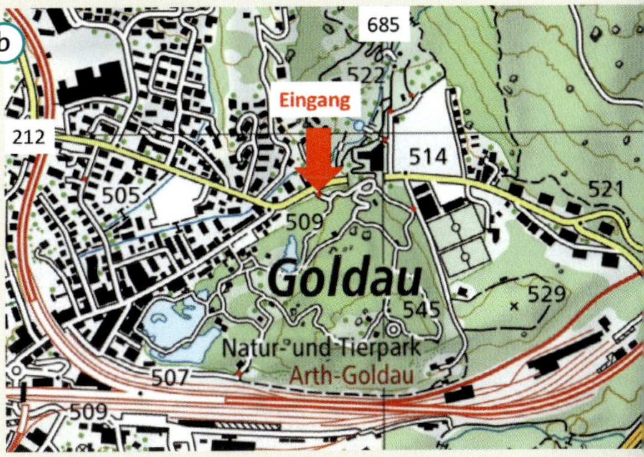

▲ **Abbildung 6-2**

a *Bergsturz von Goldau von 1806, Ansicht von Südosten, Zugersee (© Triner, Josef Franz Xaver Leontius; Lory, Mathias Gabriel, 1806, Schweizerische Nationalbibliothek).*

b *Exkursionskarte zum Bergsturz von Goldau; Tierpark Goldau (Karte: © swisstopo).*

Bergsturz von Goldau

Der Bergsturz von Goldau bildet das bewaldete Relief im Osten des Dorfes. Zur Illustration empfehlen wir den Besuch des Natur- und Tierparks gleich nördlich des Bahnhofs Arth-Goldau (Zugang im Norden des Parkes, an der Parkstrasse 38). Der Park ist gruppiert um einen Hügel, der aus Bergsturzmaterial besteht, insbesondere aus riesigen Blöcken von Nagelfluh (grobes Konglomerat aus den abgestürzten Molassefelsen des Rossbergs). Im Westen finden sich kleine Bergsturzseen (https://www.tierpark.ch, Abb. 6-2 b).

Die folgenden Aufzählungen nennen die wichtigsten prähistorischen und historischen Bergstürze in den Schweizer Alpen (https://de.wikipedia.org/wiki/Bergsturz, ergänzt):

Prähistorische Bergstürze in der Schweiz:

- Totalp Bergsturz (Graubünden): Mehr als 0,3 km³ (300 Mio. m³) stürzten von der Totalp in der Region Parsenn ab und bildeten den Wolfgangpass und den Davoser See. Das Ereignis fand vor etwa 14'000 Jahren statt.
- Älterer Bergsturz von Kandersteg (Kanton Bern): vor ca. 9600 Jahren zerstörte ein Bergsturz die Wälder im Kandertal und ein Schuttstrom aus Kalktrümmern ergoss sich bis nach Frutigen (Tinner et al. 2005).
- Bergsturz von Tamins (Graubünden): 1,2 km³ (1'200 Mio. m³), vor ca. 9420 ± 880 Jahren (Pfiffner et al. 2023). Die Felsmassen stauten einen See auf, der sich über 10 km talaufwärts erstreckte.
- Flimser Bergsturz (Graubünden): 11 km³, vor ca. 9410 Jahren. Die Gesteinsmassen stauten einen See auf, der sich über 10 km erstreckte. Der erste Dammbruch des natürlichen Staudamms führte zu einer Überschwemmung des Rheintals bis zum Bodensee (Pfiffner 2022).
- Bergsturz von Siders (Wallis): 50 Mio. m³, vor 8250 ± 30 Jahren (Gabus et al. 2008).
- Bergsturz von Salez (Kanton St. Gallen): schätzungsweise 100 Mio m³ stürzten vor 4250 ± 80 Jahren in eine See- und Flusslandschaft im Rheintal (Funk et al. 2000).
- Jüngerer Bergsturz von Kandersteg (Kanton Bern): ca. 800 Mio. m³ stürzten vor 3'210 ± 200 Jahren ins Tal und flossen über eine Strecke von 13 km von Kandersteg bis Reckenthal (Singeisen et al. 2020).

Historische Bergstürze in der Schweiz:

- 30. September 1512: Bergsturz von Buzza di Biasca im Valle di Blenio, nördlich von Biasca (Tessin). Die Felsmassen stauten einen See auf. 1515 brach der Damm und verwüstete das Tessiner Tal bis zum Lago Maggiore.
- 11. November 1593: Bergsturz vom Glärnisch, ausgelöst durch ein Erdbeben. Nachsturz am 3. Juli 1594. Ein Teil der östlich des Vorderglärnisch gelegenen Schwösteren brach ab und stürzte nach Norden ins Linthal.
- 1714 und 1749: Bergsturz von Derborence (Wallis), der den Staudamm des Lac de Derborence bildete (Abb. 6-4).
- 2. September 1806: Bergsturz von Goldau (Schwyz): 40 Millionen m³ Gestein verschütten ein ganzes Dorf, 457 Opfer (Abb. 6-2).
- 11. September 1881: Bergsturz von Elm (Glarus): 10 Millionen m³. Dieser Bergsturz wurde durch jahrelangen unvorsichtigen Schieferabbau verursacht, 115 Opfer (Abb. 6-3).
- 30. Mai 1946: Bergsturz am Six des Eaux Froides, ausgelöst durch ein Nachbeben des Erdbebens von Siders, füllte den Lac de Luchet und zerstörte mehrere Chalets.
- April und Mai 1991: Bergsturz von Randa (Wallis): 30 Millionen m³ Gestein stürzten ins enge Tal und bildeten einen Schuttkegel quer über das Mattertal (Abb. 6-20, 6-21).
- 23. August 2017 Bergsturz von Bondo, Piz Cengalo (Graubünden): Absturz eines Gesteinsvolumens von 3 Mio. m³, gefolgt von mehreren Murgängen, 8 Opfer (Abb. 6-22).
- 14. April 2024 Bergsturz vom Piz Scerscen (Graubünden): Absturz eines Gesteinsvolumens von etwa 1 Mio. m³, welches sich als Murgang weit hinunter in die Val Roseg ergoss.

▲ **Abbildung 6-3** *Bergsturz von Elm von 1881; Ansicht von Norden, mit einem temporären See. Diese Lithografie wurde zugunsten der betroffenen Bevölkerung verkauft (©J.J. Hofer, Schweizerisches Nationalmuseum, LM-44697).*

Bergstürze und ihre Stauseen

Häufig bilden die Bergsturzmassen einen Damm für temporäre oder permanente Seen. Ein Beispiel für einen temporären See ist der oben bereits erwähnte See, der am 30. September 1512 durch den Bergsturz der **Buzza di Biasca** im Valle di Blenio nördlich von Biasca (Tessin) aufgestaut wurde. Der Damm brach 1515 und verwüstete das Tal von Biasca bis zum Lago Maggiore.

Ein weiteres Beispiel für einen Bergsturzsee findet sich auf der Alp von **Derborence**. Hier ist nach einem in der Waadt und im Wallis deutlich verspürten Erdbeben am 11. August 1712 am 23. September 1714 ein Bergsturz von der Südflanke der Diablerets abgebrochen. Dabei kollabierte der untere Teil der fast 1000 Meter hohen Felswand, und der Trümmerstrom bewegte sich über 5,5 km bis fast in die Schlucht der Lizerne (vgl. Abb 6-4 a). 55 Häuser wurden zerstört und 14 Menschen kamen ums Leben. Ein zweiter Bergsturz löste sich im Jahre 1749 im oberen Teil der Wand und staute die Derbonne zu einem See. Das Gesamtvolumen der beiden Bergsturztrümmermassen kann auf ca. 50 Millionen m^3 geschätzt werden. Die Fotos in Abb. 6-4 b und c geben einen Eindruck über die Geländeoberfläche des Trümmerstroms und die Erosionsrinnen darin.

Die prähistorischen Bergstürze von Tamins und Flims stauten Rhein und Zuflüsse zu grossen Seen, welche aber kurz danach ausbrachen und das Rheintal bis in den Bodensee verwüsteten. Sie werden weiter unten näher diskutiert.

Exkursion

Bergstürze von Derborence

a

b

Die Alp von Derborence zeichnet sich durch ihr kontrastiertes Relief aus, mit steilen Felswänden der Helvetischen Decken im Norden, weichen, grünen Weidegründen, dem weiten Schuttkegel der beiden Bergstürze und dem durch diese aufgestauten Seen. Man erreicht die Alp von Derborence im Sommer am besten mit dem Postauto. Ausgehend vom Parkplatz und Bushalt empfehlen sich insbe-

▲ **Abbildung 6-4 a** *Bergsturzkegel und Lac de Derborence, aufgestaut durch die Bergstürze von 1714 und 1749; Blick vom gegenüberliegenden Hang Richtung Norden.*

◀ **b** *Erosionsrinne im oberen Teil des Bergsturzkegels (Fotos: W. Wildi).*

sondere der in einem didaktischen Tourenführer beschriebene Rundgang von etwa 2½ Stunden (https://bureau-relief.ch/wp-content/uploads/2020/09/brochure_Eboulement_imprimante.pdf, Abb. 6-4 d).

c

▶ **Abbildung 6-4 c** *Topografische Karte der Region Derborence mit der Abrisskante der Bergstürze und dem Ablagerungsgebiet des Trümmerstroms (Karte: © swisstopo, ergänzt durch A. Pfiffner).*

▼ **d** *Exkursionskarte, Rundgang um die Bergsturzkegel von Derborence (Karte: © swisstopo).*

d

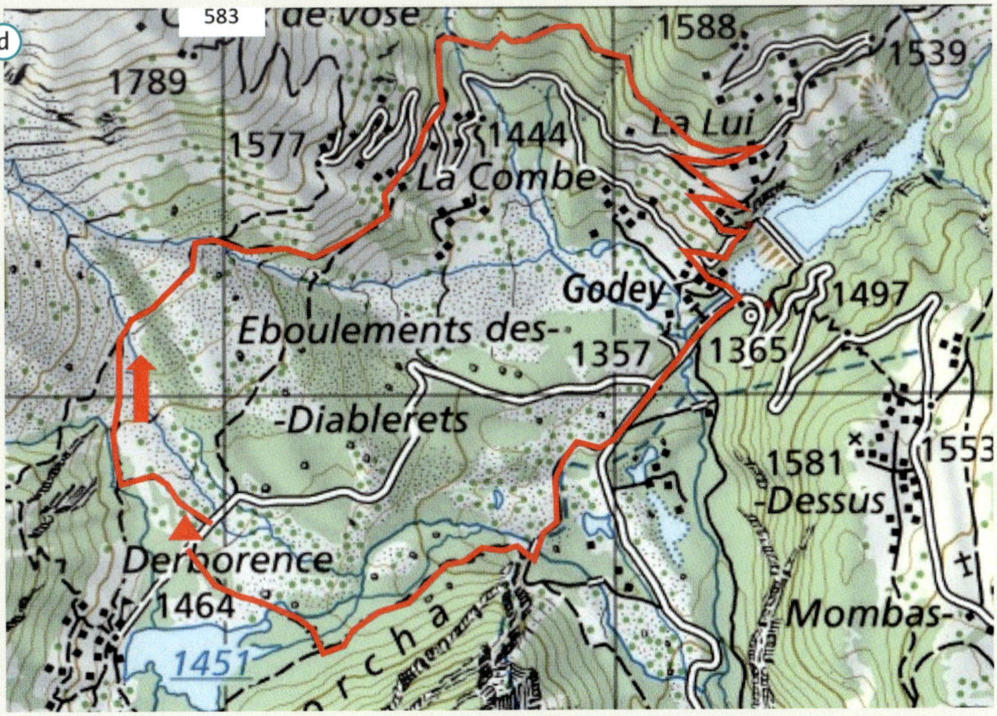

Der **Oeschinen-See** wurde durch einen Nachsturz des oben erwähnten **jüngeren Bergsturzes von Kandersteg** aufgestaut. Der Abfluss aus dem (künstlich erhöhten) Oeschinen-See erfolgt durch die Trümmermasse des Bergsturzes. Der See ist ein Grundwasseraufschluss innerhalb der Trümmermasse des Bergsturzes von Kandersteg (Abb. 6-5 a, b).

Exkursion

Der Blausee, ein Grundwasseraufschluss im jüngeren Bergsturz von Kandersteg

Der Blausee ist ein Tourismus-Hotspot an der Strasse von Frutigen nach Kandersteg. Vom Parkplatz aus quert man die Bergsturzmasse mit ihren groben Kalksteinblöcken und erreicht den See über eine kurze Zugangsstrasse (Abb. 6-5 b). Das tiefblaue bis grünliche Wasser des Sees ist kalt. Die Aufenthaltszeit des Wassers im See beträgt um 48 Stunden. Es handelt sich um ein Grundwasserfenster im Bergsturzmaterial. Bei Seeumgehung beobachtet man im Wald südlich und östlich des Sees den Wasserspiegel zwischen den grossen Gesteinsblöcken. Der Blausee ist mit dem eigenen Verkehrsmittel oder ab Kandersteg mit dem Postauto erreichbar.

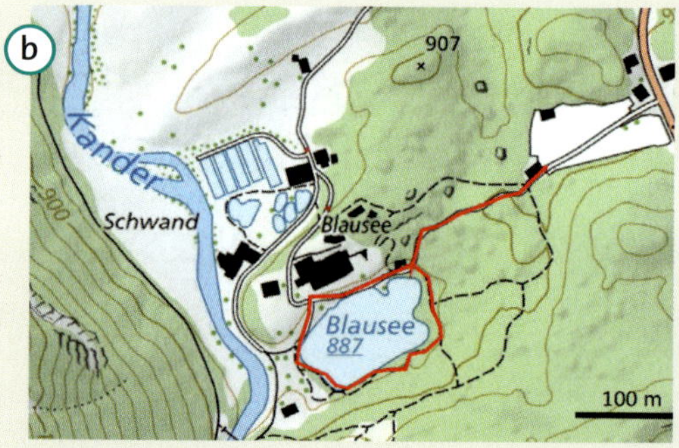

▲ **Abbildung 6-5**

a *Blausee bei Kandersteg (Bern), ein Grundwasserfenster im Bergsturz (Foto: W. Wildi).*

b *Exkursionskarte Blausee (Karte: © swisstopo).*

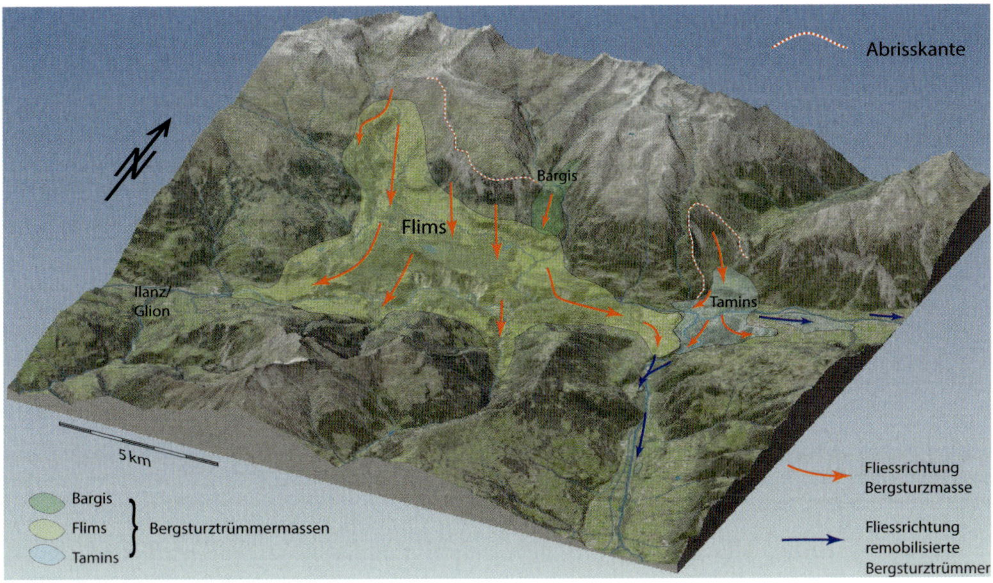

▲ **Abbildung 6-6** *3D-Skizze der Region der Bergstürze von Flims und Tamins (aus Pfiffner 2024).*

Bergstürze von Flims und Tamins im Bündner Rheintal

Die prähistorischen Bergstürze von Flims und Tamins prägen die Landschaft im Rheintal zwischen Chur, Ilanz/Glion und Thusis. Die Gletscher der letzten Eiszeit hatten das Tal ausgehöhlt und so weit vertieft, dass die Felsoberfläche etwa auf der Meereshöhe zu liegen kam. Mit dem Abschmelzen der Gletscher füllte sich der Taltrog mit Lehm, Sand und Kies bis auf eine Höhe von etwa 500 m ü. M. (Pfiffner & Wyss, im Druck; Pfiffner et al. 2023). Die Bergstürze fuhren in diese fluvio-glazialen Lockergesteine, lagerten enorme Mengen an Schutt ab und blockierten kurzzeitig Vorder- und Hinterrhein (Abb. 6-6, 6-7).

Der Bergsturz von Tamins

Der älteste Bergsturz, jener von Tamins, schüttete einen Damm quer über das Rheintal in der Nähe von Reichenau. Dieser staute den Vorder- und Hinterrhein zum Bonaduzer See, welcher sich bis nach Ilanz/Glion und Thusis erstreckte. Die Abrissnische ist im Vogelstein-Säsagit-Garschlikopf-Felskar leicht zu erkennen (Abb. 6-6, 6-8). Bei den abgestürzten Gesteinen handelt es sich hauptsächlich um Malm-Kalkstein («Quintner-Kalk»), gelegentlich Dogger-Sandstein, triassischen Dolomit («Röti-Dolomit») und permische Vulkanite. Diese Gesteine sind in der Schuttmasse des Bergsturzes leicht zu erkennen (Pfiffner & Wyss, im Druck; Pfiffner et al. 2023). Das Gesamtvolumen der Trümmermasse beträgt etwa 1,2 km³. Gemäss der kosmischen Nukliddatierung beträgt das Alter des Bergsturzes 9420 Jahre, mit einer Unsicherheit von ± 880 Jahren.

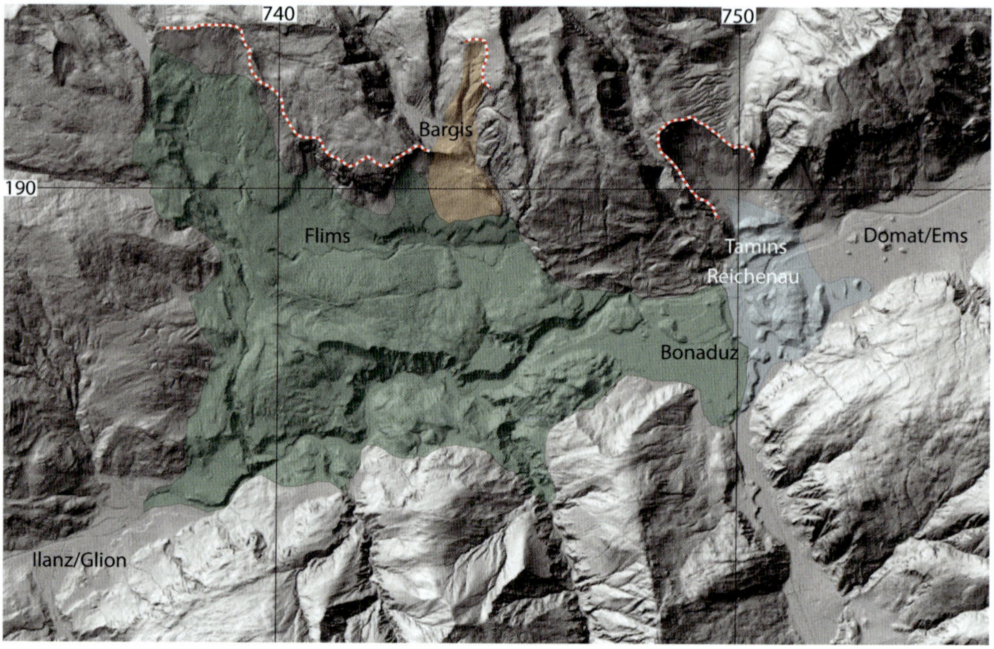

▲ **Abbildung 6-7** *Topografie und Toponymie der Bergstürze von Tamins (blau), Flims (grün) und Bargis (braun). Die Abrisskanten sind rot-weiss markiert. Vereinfacht nach Pfiffner 2024. (Geländemodell: © swisstopo).*

Die Geländedaten zeigen, dass der Bergsturz von Tamins eindeutig älter ist als derjenige von Flims (Pfiffner 2022). Im geologischen Schnitt von Abb. 6-8 lassen sich die Unterkante der Schuttmassen sowie deren Substrat erkennen. Ebenso sieht man die aufgrund der eiszeitlichen Übertiefung tiefe Lage der Felsoberfläche des Rheintals etwas über dem Meeresspiegel. Die fluvio-glazialen Sedimente der Talfüllung wurden durch den Bergsturz durchwühlt und verflüssigt und ermöglichten es, dass die Bergsturztrümmermasse sich über weite Strecken bewegen konnten.

Es lassen sich verschiedene morphologische Rücken im Gelände unterscheiden (Abb. 6-8). Der grösste, Ils Aults, verläuft von Norden nach Süden in Richtung des Bergsturzes. In der Nähe von Tamins sind zwei senkrecht zur Fliessrichtung stehende Bergrücken (Rascheu und Cartschitscha) zu beobachten. Diese entstanden durch das Zerreissen der Felsmasse des Bergsturzes, als sich der hintere (proximale) Teil der Masse im Verlauf des Absturzes verlangsamte. Beim Aufprall auf den gegenüberliegenden Hang teilte sich die Felsmasse. Ein Teil floss nach Osten, ein anderer nach Westen ab. Diese Umleitungen, die unter dem Einfluss der Schwerkraft zu einem Zergleiten der Sturzmasse führten, hingen mit der Mobilität der Trümmermasse auf der verflüssigten Unterlage zusammen.

Nach Osten hin haben sich durch Zerreissung mehrere kleine, Nord-Süd verlaufende Bergrücken gebildet (Crest'Aulta, Tuma Calchera und Tuma Lunga). Die Situation im Westen ist unklar, da die Auswirkungen des Flimser Bergsturzes, der auf den Taminser-Bergsturz folgte, die ursprüngliche Morphologie verändert hat.

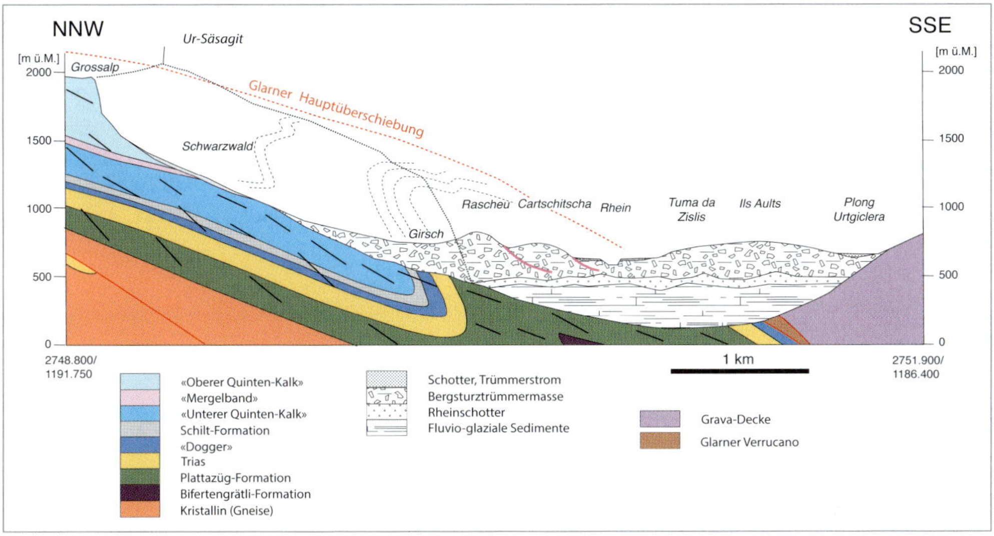

▲ **Abbildung 6-8** *Geologischer Schnitt durch den Bergsturz von Tamins (aus Pfiffner et al. 2023).*

Der Bergsturz von Flims

Der Bergsturz von Flims ist der grösste Bergsturz in den Alpen. Er fand vor etwas mehr als 9400 Jahren statt. Die Masse des Bergsturzes rutschte in die wassergesättigten fluvio-glazialen Sedimente der Talfüllung und mobilisierte sie zu einem «Gesteinsbrei» bzw. einer Suspension. Der «Gesteinsbrei» ergoss sich nach Süden bis nach Thusis (Pfiffner & Wyss, im Druck; Pfiffner 2022), traf aber auch auf die Trümmermasse des Taminser-Bergsturzes und öffnete eine Lücke in diesem Riegel (Pfiffner et al. 2023). Grosse Pakete der Taminser Trümmermasse wurden daraufhin flussabwärts disloziert und als «Tumas» (Hügel) bei Domat/Ems, Felsberg und Chur abgelagert (Abb. 6-6, 6-7). Die Flutwelle breitete sich jedoch viel weiter aus und kann sogar im Bodensee nachgewiesen werden (Schaller et al. 2022). Der Gesteinsbrei transportierte auch grössere Volumen von Gesteinen nach Süden, ins Domleschg und bis nach Rodels/Realta. Dabei riss er auch randliche Teile der Trümmermasse des Taminser Bergsturzes mit.

Der Bergsturz von Flims staute den Vorderrhein und den Fluss Glenner zum Ilanzer See, welcher sich bis nach Zignau und Peiden Bogn erstreckte. Der See füllte sich rasch auf, und der Überlauf floss zunächst über den natürlichen Damm, schnitt sich dann aber schnell in diesen ein (Pfiffner 2022). Dadurch kam es zu mehreren Ausbrüchen, bei denen grosse Wasser- und Geröllmassen in Richtung Reichenau flossen und enorme Überschwemmungen verursachten, die sich auch in den Sedimenten des Bodensees manifestieren (Schaller et al. 2022).

Der Bergsturz bedeckt derzeit eine Fläche von etwas mehr als 50 km² (Abb. 6-6). Die Mächtigkeit der Ablagerung variiert, im Zentrum beträgt sie mehrere Hundert Meter (vgl. Abb. 6-9). Das Gesamtvolumen kann auf etwas mehr als 11 km³ geschätzt werden (Caprez 2008, Pfiffner 2022).

Der Bergsturz löste sich an den Hängen des Ur-Flimsersteins und ergoss sich in südlicher Richtung in das Tal des Vorderrheins.

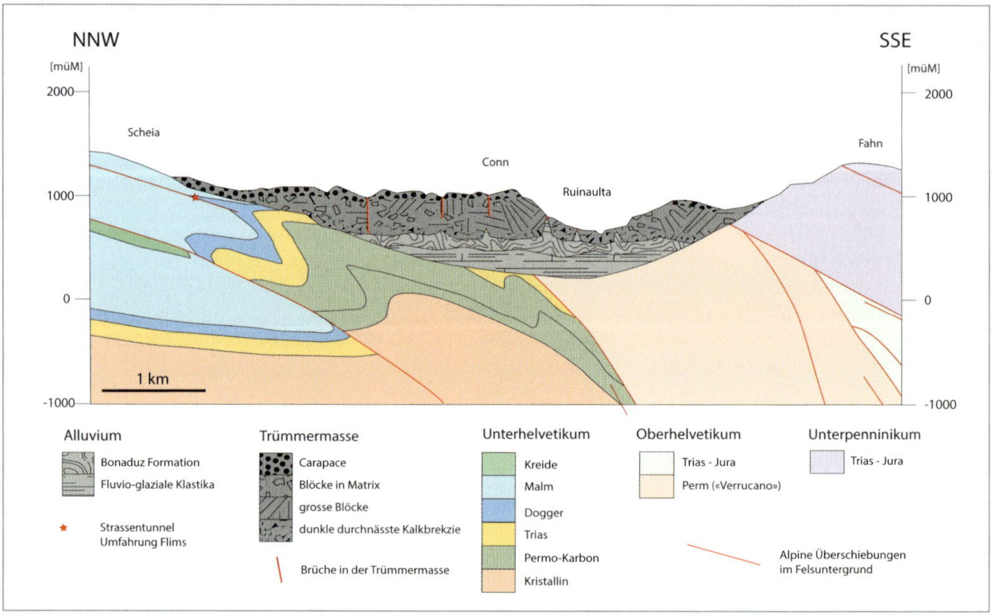

▲ **Abbildung 6-9** *Geologischer Schnitt durch den Flimser Bergsturz (modifiziert nach Pfiffner 2024).*

Der Schuttstrom prallte an den gegenüberliegenden Hang, teilte sich und floss sowohl nach Westen (in Richtung Glion/Ilanz) als auch nach Osten (in Richtung Reichenau. Er drang aber auch in das gegenüberliegende Safiental im Süden ein. Die Masse des Bergsturzes besteht hauptsächlich aus Kalkstein des Malms und der Kreide, lokal auch aus Sandsteinen des Doggers und aus permischem Verrucano (Pfiffner 2022). Diese Zusammensetzung wie auch die räumliche Verteilung spiegelt jene des Flimsersteins wider: zuoberst liegt Verrucano, darunter Kreidekalke und unten Malmkalke. Offenbar fand keine turbulente Vermischung der Bergsturztrümmer statt. Die Abrissnische ist im Gelände deutlich als prominente Felswand am Flimserstein zu erkennen, die bis zu 500 m hoch ist. Die basale Rutschfläche ist an einigen Stellen bei Flims sichtbar. Sie folgt lokal der Schichtung im Quinten-Kalk, bildet aber lokale Stufen, sodass die Gleitfläche weiter südlich sukzessive auf tieferem Niveau liegt (Pfiffner 2022).

Der Flimser Bergsturz ereignete sich gemäss den neuesten Analysen vor etwas mehr als 9400 Jahren, also fast unmittelbar nach dem Tamins-Bergsturz. Bei beiden handelte es sich um isolierte Ereignisse, und beide Bergstürze ereigneten sich innerhalb von Minuten und mit Gleitgeschwindigkeiten von bis zu über 50 m/s (Aaron et al. 2020; Pfiffner et al. 2023). Aufgrund des postglazialen Alters des Flimser Bergsturzes ist anzunehmen, dass, wie beim Taminser Bergsturz, eine fluvio-glaziale Füllung des übertieften Tals schon vorher vorhanden war. Beim Absturz der Bergsturzmasse wurden diese wassergesättigten Sedimente verflüssigt und teilweise weggepflügt (Pfiffner 2022).

Die Oberfläche des Bergsturzes ist durch zahlreiche trichterförmige Vertiefungen und langgezogene Wälle gekennzeichnet. Einige erratische Blöcke aus kristallinem Gestein wurden früher als Beweis für einen späteren Gletschervorstoss interpretiert. Das Fehlen jeglichen Moränenmaterials in den Senken und die Beibehaltung der kleinräumigen Morphologie der Wälle sprechen jedoch gegen diese Annahme. Die erratischen Blöcke müssen sich früher auf dem Ur-Flimserstein in einer Höhe von etwa 2'000 m befunden haben, bevor der Bergsturz einsetzte und sie mitbewegte. In dieser Höhe liegen auch die Findlinge aus der letzten Eiszeit, die in der umliegenden Region gefunden werden.

Es stellt sich die Frage nach der Ursache des Bergsturzes. Das Ereignis in Flims, das sich lange nach dem Abschmelzen des Eises der letzten Eiszeit ereignete, spricht nicht für eine unmittelbare Reaktion der Talflanke auf die fehlende seitliche Abstützung durch den Gletscher. Das instabile Gleichgewicht könnte durch mehrere Faktoren gestört worden sein: brüchiger Felsuntergrund, Erdbeben und Bergwasser. Die Auslösung historischer Bergstürze durch Erdbeben ist bekannt, aber bei älteren Ereignissen ist es schwierig, einen entsprechenden Kausalzusammenhang herzustellen.

Es gibt historische Beispiele für eine Verringerung der inneren Reibung im Gestein aufgrund einer erhöhten Wasserzirkulation. Bei älteren Bergstürzen können paläoklimatische Daten Hinweise liefern. Das Abschmelzen der Gletscher nach der letzten Eiszeit erfolgte mit aufeinanderfolgenden Warm- und Kaltphasen (vgl. Abb. 5-1). Die Mecklenburg- und Dryas-Kaltphasen waren unterbrochen von Warmphasen (Meiendorf, Bölling und Alleröd). Das Ende der jüngeren Dryas vor 11'700 Jahren bildet auch die Grenze zwischen dem Pleistozän und dem nacheiszeitlichen Holozän. Auch im Holozän gab es mehrere Perioden mit kleineren Gletschervorstössen. Die Abfolge von Kalt- und Warmzeiten des Pleistozäns und des Holozäns wurden in Eisbohrkernen von Grönland durch Analyse der $\partial^{18}O$-Werte ermittelt und sind relevant für die gesamte nördliche Hemisphäre (Stuiver et al. 1995 für das Pleistozän, Mayewski et al. 2004 für das Holozän). Für das Holozän konnten anhand von ^{14}C-Datierungen von Hölzern im Vorfeld von alpinen Gletschern mehrere Kalt-Warm-Zyklen ausgeschieden werden (Jörin et al. 2006), welche in Abb. 5-1 mit den Bergsturzereignissen korreliert werden. Die aus diesen Temperaturveränderungen resultierenden Belastungen und Entlastungen an den Talflanken haben das Felssubstrat abgenutzt und geschwächt. Die Zirkulation von Wasser und Luft in den sich öffnenden Rissen schwächten den Fels zusätzlich. Darüber hinaus ist zu beachten, dass die Abrissnische des Flimser Bergsturzes sowohl im Osten wie auch im Westen von älteren alpinen Brüchen begrenzt wird. Entlang dieser Brüche war das Gestein bereits bei der Entstehung der Alpen stärker zerklüftet. Es gab also bereits vorher existierende Schwachstellen, die das Auslösen des Bergsturzes begünstigten.

Zwischen 9800 und 9200 Jahren, kurz nach einer kurzen Kaltphase innerhalb der warmen Phase zu Beginn des Holozäns (vgl. Abb. 5-1), ereigneten sich in den Zentralalpen mehrere grosse Bergstürze (Tamins, Flims in Graubünden, Kandersteg 1 im Kanton Bern und Köfels in den benachbarten Ostalpen), sodass ein gewisser kausaler Zusammenhang vermutet werden kann. Ein Erdbeben könnte den Bergsturz von Tamins ausgelöst haben. Der Bergsturz von Flims ereignete sich kurz nach dem Bergsturz von Tamins. Die relative Abfolge der beiden Bergstürze ist sicher, auch wenn der Altersunterschied gering ist. Es fehlen jedoch überzeugende Argumente für einen direkten Kausalzusammenhang. Man könnte sich höchstens fragen, ob der vom Taminser Bergsturz gestaute Bonaduzersee den Bergwasserspiegel im Ur-Flimserstein angehoben hat und damit zu dessen Instabilität beigetragen hat.

▲ **Abbildung 6-10 a** *Die Rheinschlucht Ruinaulta durch die Felsmassen des Flimser Bergsturzes (© Unesco Welterbe Sardona).*

▲ **b** *In der Felswand der Ruinaulta ist der obere Teil der Ablagerungen des Bergsturzes dunkelfarbig und besteht aus Kreidekalk, dessen oberste Schicht in Blöcke zerfallen ist. Der darunterliegende, eher weisse Teil, besteht aus Jurakalk («Tros-Kalk») und der Hangfuss am Rhein aus Quinten-Kalk (Foto: A. Pfiffner).*

Die Landschaft der Ruinaulta

Infolge des Bergsturzes bildeten der Vorderrhein und der Glenner den Ilanzer See. Als der See überlief, schlängelte sich der Vorderrhein zunächst durch die Schuttmassen des Bergsturzes. Rasch erodierte er einen Einschnitt in die Schuttmasse, was zu einer Überschwemmung führte. Die Wassermassen entluden sich in Form von Murgängen und lagerten einen Schuttfächer ab, dessen Ablagerungen bis nach Reichenau verfolgt werden können. Auf diesem Schuttfächer wurden bei Tamins (Crestis) mesolithische Artefakte gefunden, die auf ein Alter von 9500 bis 9000 Jahren datiert werden (Seifert 2013); ein Alter, das kaum jünger ist als der Bergsturz. Offenbar hatte der Ilanzer See ein kurzes Leben. Die feineren Partikel der Muren erreichten den Bodensee und hinterliessen dort eine dünne Schicht am Seegrund. Diese wurde auf ein Alter von 9400 Jahren datiert (Schaller et al. 2022). Der Vorderrhein bahnte sich dann allmählich seinen Weg durch die Trümmer des Flimser Bergsturzes und schuf so die wunderschöne Landschaft der Ruinaulta (Abb. 6-10). Heute weist der Vorderrhein ein Längsprofil auf, das auf einen Gleichgewichtszustand mit einer Erosionsbasis im Bereich des Bodensees hinweist. In weniger als 9000 Jahren entstand ein 300 m tiefer Canyon, was einer durchschnittlichen Erosionsrate von 3,3 cm pro Jahr entspricht. Das Vorhandensein von älterem Flusskies oberhalb des heutigen Niveaus des Vorderrheins beweist, dass die Absenkung des Flussbetts wahrscheinlich in Etappen erfolgte. Die Erosion des Vorderrheins ist immer noch im Gange. Das sieht man an den seitlichen Einschnitten des Vorderrheins, in den Prallhängen der Mäander. An diesen Stellen kann der natürliche Wald mit dem Tempo der Seitenerosion nicht Schritt halten. Die Entstehung dieser Mäander könnte jedoch auf den anfänglich kurvenreichen Verlauf des Vorderrheins zurückzuführen sein.

Exkursionen in der Landschaft des Flimser Bergsturzes

Die Landschaft des Flimser Bergsturzes eignet sich besonders gut für geologische Wanderungen. Neben der hier beschriebenen Exkursion sind andere Routenbeschreibungen im Internet zu finden. Insbesondere die folgenden Seiten können empfohlen werden:

Individuelle Wanderungen:
https://erlebnis-geologie.ch/geoweg/faszinaturweg-rheinschlucht/
▶ www.outdooractive.com/fr/randonnees/flims-laax/randonnees-autour-de-flims-laax/2519270

Geführte Touren (auf Deutsch oder Englisch):
▶ https://unesco-sardona.ch/erlebnis/bergsturz-flims

Unsere Wanderung durch die Ruinaulta-Schlucht (Abb. 6-11) ermöglicht es, die innere Struktur der Ablagerungen des Bergsturzes zu entdecken; und das mit spektakulären, ja sogar einzigartigen Ausblicken. Die Wanderung beginnt an der Bahnstation Versam/Safien und endet an der Station Valendas/Sagogn (oder umgekehrt). Sie ist also mit der Rhätischen Bahn (RhB) entweder von Chur oder von Ilanz/Glion aus erreichbar.

Vom Bahnhof Versam/Safien aus überquert man den Bahnübergang östlich des Bahnhofs und folgt dem Weg, der 1 km entlang der Bahnlinie in östlicher Richtung verläuft (Abb. 6-11). Nach einem kurzen Anstieg gewinnt man einen Blick nach Norden auf die Felswände von *«Las Ruinas sut Crestaulta»* («Die Ruinen/Trümmer unter dem hohen Kamm», Abb. 6-11, **Punkt 1**). Eine Bank lädt zur Betrachtung ein. Es ist zu beachten, dass der Oberteil der Felsen eher braun ist, während der grösste Teil der Wand von hellgrauer bis weisser Farbe ist. Die Farben spiegeln die Abfolge der Kalksteinfelsen wider, die vom Flimserstein, dem Berg nördlich von Flims, herabgestürzt sind. Es handelt sich um Kalksteine aus dem Oberen Jura (Malm) und der Kreidezeit, den vorherrschenden Lithologien in den Ablagerungen des Bergsturzes. Die grauen Kalksteine gehören zum «Quinten-Kalk», die weissen Kalksteine zum «Tros-Kalk» und die braunen zum «Öhrli-Kalk».

Man kehrt auf demselben Weg zurück zur Station Versam/Safien. Nach 600 m hält man an, um den Blick auf **Punkt 2** (Abb. 6-11) zu richten. Hierbei handelt es sich um einen alten Rheinlauf, der 30 m über dem Flussbett liegt und mit dem Material eines Felssturzes gefüllt ist, der von Süden her erfolgte. Der Rhein wurde daraufhin umgeleitet, um einen Mäander zu bilden, der bis heute erhalten geblieben ist.

Wenn man dem Fluss 100 m nach Norden folgt, gelangt man zu einer privaten Seilbahnanlage. Auf der anderen Seite des Rheins befindet man sich vor einem Felsen (**Punkt 3**) mit hellen, zufällig verteilten Gesteinsadern. Zwischen den Adern sieht man eckige Fragmente aus dunkelgrauem Kalkstein, deren Grösse zwischen 1 und 10 cm variiert. Die Adern bestehen aus pulverisiertem Kalkstein. Sie zeugen vom intensiven Zerbrechen, die der Quinten-Kalk während seines Transports durch den Bergsturz erlitten hat.

Auf dem Rückweg zum Bahnhof biegt man kurz vor dem Bahnübergang nach rechts ab und erreicht nach 100 m wieder das Rheinufer. Dieser Zugang war während einiger Jahre gesperrt, nachdem ein Felssturz aus der Wand gegenüber den Rhein überquert hatte. Blickt man weiter nach rechts (NE) (**Punkt 4**, Abb. 6-11) sind mehrere Stellen zu sehen, an denen die Ablagerung des Bergsturzes eine schwarze Schicht enthält. Diese Schicht besteht aus den gleichen Kalksteinen wie die oben beschriebenen, ist aber durchnässt. Im Winter ist sie mit Eis bedeckt. Die schwarze

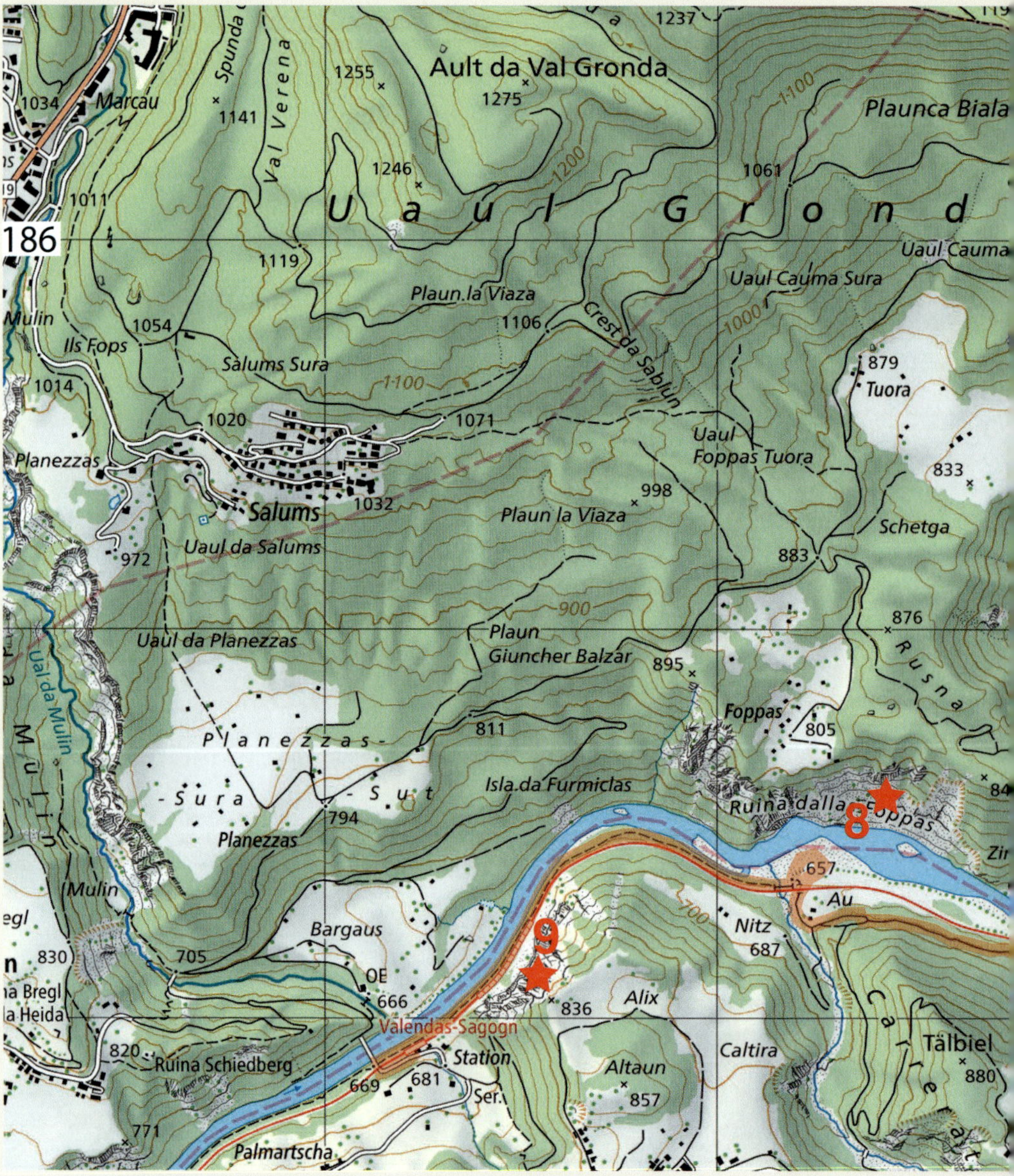

Schicht befindet sich vor allem an der Basis des Bergsturzablagerung. Wenn man nach links schaut, sieht man ab 20 m über dem Rheinbett geschichtete Kiese, unten horizontal, oben hangabwärts einfallend. Diese zeugen von einem früheren Flusslauf und von verfestigtem Hangschutt.

▼ **Abbildung 6-11** *Karte der Exkursion in der Flimser Bergsturzlandschaft mit den Beobachtungspunkten 1 bis 9 (Karte: © swisstopo).*

▲ **Abbildung 6-12** *Stark zerrütteter Kalkstein im Osten des Bahnhofs Versam/Safien (Punkt 5, Abb. 6-11). Blöcke unterschiedlicher Grösse schwimmen in einer weisslichen Matrix aus pulverisiertem Kalkstein. Foto: A. Pfiffner.*

Die Route verläuft hernach von der Station Versam/Safien in Richtung Westen. Nach 200 m steht man vor einer instabilen Felswand (**Punkt 5**, Abb. 6-12). Der Raum hinter dem Damm, der als Schutz für die Eisenbahn dient, muss regelmässig geleert werden. Der Kalkstein, der die Wand bildet, besteht aus kantigen Kalksteinblöcken in einer Matrix aus pulverisiertem, weissem Kalkstein, die praktisch keinen Zusammenhalt aufweist. Diese Art von Gestein ist auf das vollständige Zerbrechen des Kalksteins während der Bewegung des Bergsturzes zurückzuführen. Die zerbrochenen Partien erlaubten es dem Bergsturztrümmerstrom, sich über eine lange Strecke zu bewegen und auszubreiten.

Der Blick nach NW zeigt mehrere spitze Pyramiden auf der anderen Rheinseite (Punkt 6, Abb. 6-11, 6-13 a). Sie bestehen aus Tros-Kalk, einem sehr reinen Kalkstein, der durch die alpine Metamorphose in Marmor umgewandelt wurde. Der Marmor wurde durch den Bergsturz intensiv zertrümmert, was die Erosion erleichterte.

Die nächste Sehenswürdigkeit (**Punkt 7**) wird nach 1 km erreicht. Die Felsen von Islahalda bestehen aus recht brüchigen Kalksteinablagerungen (Vorsicht vor Steinschlag!). Es gibt Lagen von Kies mit gerundeten Granit- und Gneis-Komponenten von bis zu 20 cm Durchmesser, welche am Hang kleben. Es handelt sich hierbei um ein ehemaliges Flussbett des Vorderrheins. Im südlichen Teil befindet sich ein Aufschluss aus schräg geschichtetem Kies, der auf einem Block ruht. Bei den Bestandteilen dieses Kieses handelt es sich ausschliesslich um kantige Kalksteinblöcke. Bei diesem Kies handelt es sich um verfestigten Hangschutt, der in einem frühen Stadium der Entstehung der Ruinaulta-Schlucht auf dem steilen Abhang abgelagert wurde.

▲ **Abbildung 6-13 a** *Spitze Pyramiden im «Tros-Kalk» (Punkt 6, Abb. 6-11, Foto: A. Pfiffner.)*

▲ **Abbildung 6-13 b** *Pyramide mit schützendem Gesteinsblock bei Stop 8 in Abb. 6-11. (Foto A. Pfiffner)*

Der Weg führt weiter in Richtung Süden. Nach 500 m erreicht man eine Abzweigung: Der offizielle Wanderweg führt bergauf und bergab durch den Wald, während ein Privatweg über die Wiese führt (bitte nicht die Landwirtschaft stören). Nach 500 m geht es durch eine Eisenbahnunterführung hinunter zum Rhein. Bei der Sehenswürdigkeit von (**Punkt 8**) ist es besser, sich dem Wasser zu nähern und einen Blick über den Fluss zu werfen. Die Aufschlüsse am nördlichen Rheinufer zeigen die Erosionseffekte sehr deutlich. Bemerkenswert ist eine klassische Pyramide, die mit den Pyramiden von Euseigne im Wallis vergleichbar ist: ein Block aus Quinten-Kalk schützt den darunterliegenden, zerbrochenen Kalkstein vor der Erosion (Abb. 6-13 b). Oberhalb dieser Pyramide hat eine weitere Pyramide ihren Hut verloren und wird in naher Zukunft durch Erosion verschwinden. Am Hang östlich dieser Pyramide ist ein Kalksteinblock zu sehen, der im Begriffe ist, unter seinem Schutz eine neue Pyramide entstehen zu lassen.

Es sind noch 1 km bis zum Bahnhof Valendas/Sagogn. Unterwegs entdeckt man eine senkrechte Felswand mit Überhängen (**Punkt 9**), die die Bahnlinie bedroht. Obwohl der Zug durch den Schutzwall fährt, hat ein grosser Felsbrocken, der auf den Eingang des Schutzwalles fiel, vor einigen Jahren eine Kollision mit einem Zug verursacht. Im Jahr 2023 wurden Arbeiten durchgeführt, um eine Reihe von Blöcken ganz oben an der Felswand zum Absturz zu bringen.

Die Strecke der Rhätischen Bahn durch die Ruinaulta wurde 1903 eingeweiht. Es waren zahlreiche Arbeiten zur Stabilisierung der Hänge und Schutzmassnahmen gegen Steinschlag erforderlich, die bis heute beibehalten und verbessert werden müssen.

Exkursion

Der Bergsturz von Tamins bei Reichenau

Vom RhB-Bahnhof Reichenau auf der Südseite der Gleise folgen wir dem Strässchen nach Westen (Abb. 6-14 b). Nach 200 m links den kleinen steilen Weg nehmen und nach der Verflachung nach Süden aufsteigen auf den Boden Plong Vaschnaus. Anschliessend folgen Sie dem Fahrsträsschen südlich der Kiesgrube und Deponie nach Osten. Nach 700 m rechts abbiegen Richtung Tegia da Vault (Waldhütte der Gemeinde Domat/Ems), und bei der Haarnadelkurve geradeaus weitergehen. Nach 200 m dem Pfad nach rechts folgen auf den Rücken bei Punkt 724.

Der ganze Rücken, auf dem wir stehen, ist ein Teil des Trümmerstroms des Taminser Bergsturzes. Zu diesem gehören auch die Hügel nördlich des Rheins. Nach Norden schauend erkennt man den Felszirkus des Säsagit, die Abrissnische dieses Bergsturzes (Abb. 6-14 a). Der Riegel des Taminser Trümmerstrom quer über das Rheintal staute den Vorder- und Hinterrhein zum ehemaligen Bonaduzersee. Beim späteren Niedergang des Flimser Bergsturzes wurde die Füllung des glazial übertieften Rheintales verflüssigt und prallte an den Riegel des Taminser Bergsturzes und durchbrach diesen. Der Rhein fliesst heute durch die Lücke, die dabei geschlagen wurde. Die Teile des Trümmerstroms im Durchbruch wurden rheinabwärts verfrachtet, zum Teil als grosse, zusammenhängende Blöcke, blieben aber sukzessive liegen und sind heute als Hügel beziehungsweise Tumas im Talgrund erhalten. Blickt man nach Osten Richtung Chur, stechen die freiliegenden Tumas von Domat/Ems ins Auge. Ihre Zusammensetzung entspricht genau jener des Taminser Trümmerstroms. Tumas sind bis nach Chur zu finden, und im Bodensee hat der gewaltsame Durchbruch in Form von Sandablagerungen ebenfalls Spuren hinterlassen. Die Katastrophe wurde von mittelsteinzeitlichen Jägern erlebt, wie 10'000–12000 Jahre alte Artefakte belegen, die in Chur gefunden wurden.

Abbildung 6-14

▲ **a** *Ils Aults Säsagit, Blick von Ils Aults nach Norden in die Abrissnische des Taminser Bergsturzes mit Säsagit und Garschlichopf. Die Hügelzüge Rascheu und Cartschitscha sind Teile des Trümmerstroms nördlich des Rheins (Foto A. Pfiffner).*

b

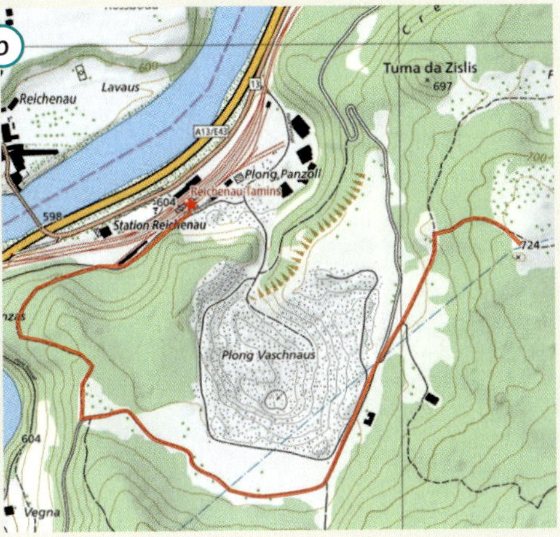

◀ **b** *Tamins Ils Aults: Karte der Exkursion in die Landschaft des Taminser Bergsturzes bei Reichenau (Karte: © swisstopo). Der Stern markiert den RhB-Bahnhof.*

c

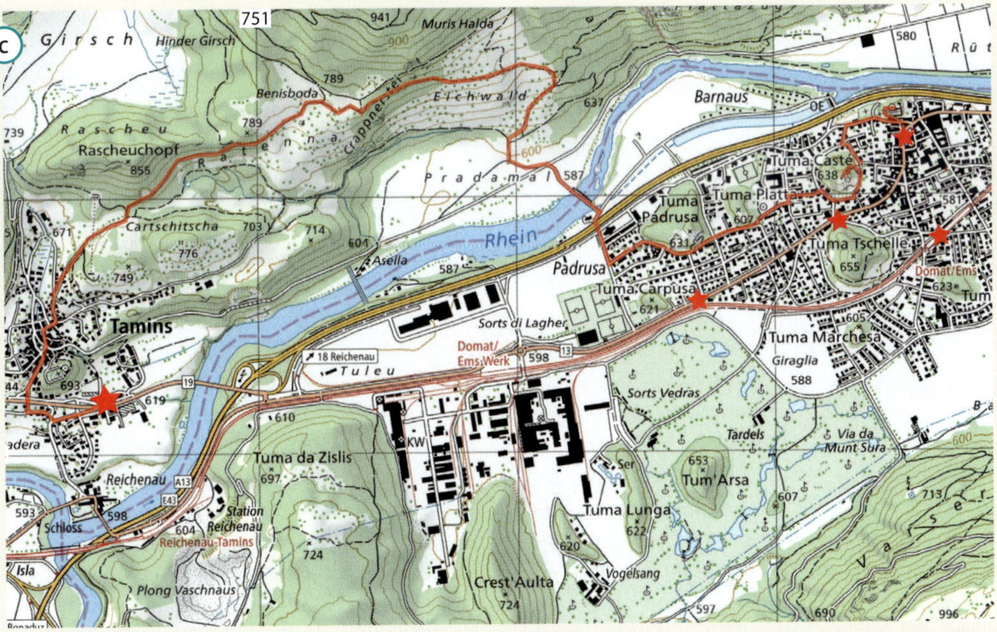

▲ **c** *Karte der Exkursion in die Landschaft des Taminser Bergsturzes und die Tumalandschaft von Domat/Ems (Karte: © swisstopo). Sterne markieren Bushaltestellen.*

Exkursion

Der Bergsturz von Tamins und die Tuma-Landschaft von Domat/Ems

Von der Bushaltestelle Tamins-Unterdorf durch die Unterführung und dann nach Westen laufen, nach 250 m rechts abbiegen, durch die Unterführung gehen und dann ins Dorfzentrum Tamins weitergehen (Abb. 6-15). Hier die Wegmarkierung Richtung Benis Boden nehmen. Nach dem Dorf verläuft der Weg zwischen den Bergsturzrücken Cartschitscha und Rascheu(chopf). Links am Weg befindet sich ein Aufschluss zertrümmerter grauer Kalke. Auf Benisboda liegen grosse Bergsturzblöcke des Trümmerstroms, welche obenauf schwammen und sich frei drehen konnten. Sie gehören zum sogenannten Carapace. Der Blick nach Norden zeigt die Abrissnische des Bergsturzes im Felszirkus des Säsagit. Im Süden erkennt man den Riegel des Trümmerstroms quer durch das Rheintal südlich des Rheins. Dieser Riegel staute den Vorder- und Hinterrhein zum Bonaduzersee, welcher sich bis nach Thusis und Ilanz/Glion erstreckte.

In der nordöstlichen Ecke der Lichtung findet sich der Abstieg Richtung Domat/Ems (Abb. 6-15). Vom Eichwald aus hat man freie Sicht auf die Tumalandschaft von Domat/Ems. Die Tumas gehören zwei Generationen an. Hinter der EMS Chemie sind die langgestreckten Tumas von Crest'Aulta, Tuma Lunga und Tum'Arsa Teile des Trümmerstroms, welcher am Gegenhang gestaut wurde und nach Osten umge-

Bergsturz von Salez

Grössere und kleiner Bergstürze und Felsstürze sind im St. Galler Rheintal vom Alpstein zu Tal gefahren. Der grösste davon, der Bergsturz von Salez, löste sich in der Felsnische zwischen Glogger und Stauberenfirst (vgl. Abb. 6-15 a und b). Die Abrisskante zeigt sich als eine etwa 100 m hohe Felswand, gut sichtbar oberhalb Chele auf dem Foto von Abb. 6-15 a. Auf diesem Foto erkennt man weiter im Hintergrund, an der Stauberenkanzel, den Abrissrand eines weiteren kleineren Bergsturzes, dessen Trümmer am Hangfuss oberhalb Frümsen liegen blieben (vgl. Abb. 6-15 b). Die Trümmermasse des grossen Bergsturzes breitete sich auf dem flachen Talboden über mehrere Kilometer aus und erreichte bei Salez beinahe den Rhein. Sie bedeckt eine Fläche von ca. 4 km^2 und besteht aus Unterkreide-Kalken (Tierwies-, Kieselkalk- und Schrattenkalk-Formation). Abgeglitten ist sie auf einer Mergelschicht (Drusberg-Mergel), welche vom Abrissrand an der Heierli Nadel mit etwa 40° nach Südosten, ins Rheintal abtaucht. Das Einfallen dieser Mergelschicht ist bedingt durch eine grossräumige Antiklinale, welche sich von der Stauberenkanzel über den Glogger zum Hohkasten und weiter nach Norden erstreckt. Wie im Profilschnitt von Abbildung

▶ **Abbildung 6-15 a** *Die Abrissnische des Bergsturzes oberhalb Chelen; im Mittelgrund die Stauberenkanzel mit der Abrissnische des Bergsturzes von Frümsen (Foto: Hans Jakob Reich).*

lenkt wurde. Die Tumas im Dorf Domat/Ems selbst stammen aus der Bresche von Reichenau, welche durch den Aufprall des Flimser Bergsturzes entstanden. Bei diesem Aufprall wurden die Kiese, Sande und der Lehm der Talfüllung samt dem Bonaduzersee zu einer Suspension (einem «Gesteinsbrei») verflüssigt, welche einen Durchbruch in den Trümmerstrom verursachten. Dabei wurden grosse Fragmente des Taminser Trümmerstroms weggerissen, talabwärts transportiert und bei Domat/Ems, Felsberg und Chur angelagert.

Vom Eichwald erfolgt der Abstieg Richtung Rhein und die Querung über den Staudamm. Beim Gang zu den Busstationen oder dem Bahnhof in Domat/Ems lohnt sich ein Abstecher auf die Tuma Casté (Aufgang ab dem weissen Kirchlein Sogn Pieder, erbaut 774) oder Tuma Turera (Abgang ab Bushaltestelle Plaz). Von beiden Tumas geniesst man einen freien Blick auf das Rheintal mit dem Trümmerstrom des Taminser Bergsturzes und den Tumas. Tuma Casté ist besonders interessant, weil der Südteil aus Kalktrümmern besteht (sichtbar unter der Kapelle Sogn Antoni), während im Nordteil Lehm vorhanden ist. Hier zeigt sich die enge Vermischung von Bergsturztrümmern und dem Feinmaterial der Suspension.

a

6-15 c ersichtlich ist, besitzt dieses Gewölbe eine imposante Amplitude von etwa einem Kilometer.

Interessant ist das Alter von 4150 ± 80 Jahren des Bergsturzes von Salez, welches an Holzstücken mit der ^{14}C-Methode ermittelt wurde (Funk et al. 2000). Zu dieser Zeit wurde der glazial übertiefte Trog des Rheintales durch den Rhein und seine Zuflüsse sukzessive gefüllt. Wie Bohrungen zeigen, liegt die Trümmermasse nahe des Berghanges auf feinkörnigen Fluss- und Seesanden, während nahe des heutigen Rheins über und unter der Trümmermasse Flusskiese (Rhein-Schotter) vorhanden sind. Offenbar stürzte die Trümmermasse in eine Seelandschaft, pflügte sich in die wassergesättigten Seesedimente ein und wühlte an der Front die Rheinschotter auf (Kobel 1992 in Funk et al. 2000).

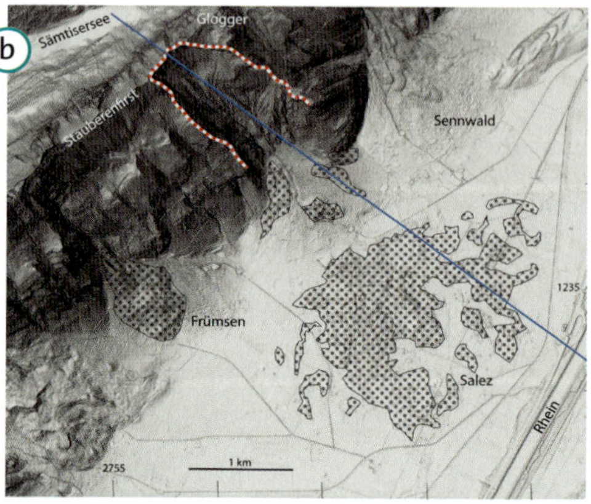

▲ **b** *Der Bergsturz von Salez im Kartenbild. Die Bergsturztrümmer sind punktiert dargestellt. Die blaue Linie ist die Spur des Profilschnittes in 6-15c. (Höhenmodell: @ swisstopo, ergänzt durch A. Pfiffner).*

Bergstürze von Glarus

In der Region von Glarus, das Gebiet am Westrand des **UNESCO-Welterbes Tektonikarena Sardona**, dort wo das Klöntal ins Linthtal mündet, sind mehrere Bergstürze ins Tal gefahren. Beide Täler zeichnen sich durch felsige Talflanken aus, mit einem lokalen Relief von bis 2'000 m und mehr. Speziell die Gebirgsgruppe des Glärnisch und des Wiggis weisen bis über 500 m hohe Felswände aus Kalkgestein auf. Die massigen Kalke haben ein Jura- und Kreidealter und sind oft flach gelagert. Bei der Bildung der Alpen wurden sie mehrfach übereinandergeschoben, wodurch sich das hohe Relief erklärt. Beide Täler, Klöntal und Linthtal, sind Sohlentäler, welche von den Gletschern der Eiszeiten mitgestaltet wurden. Der Linthgletscher dürfte das Tal übertieft haben, wobei die Kote des Felsuntergrundes unter Glarus auf 200 m ü. M. geschätzt werden kann.

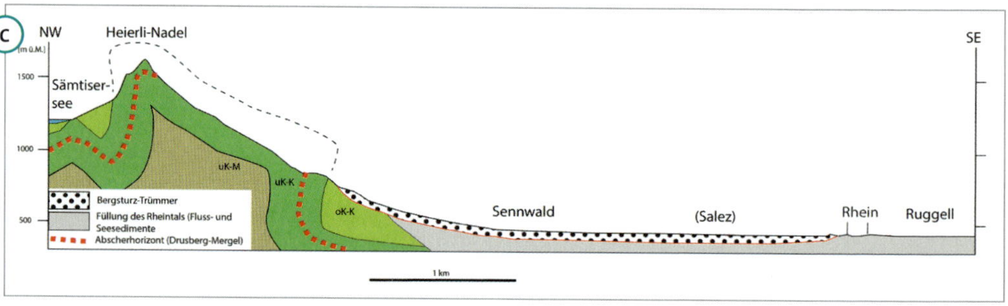

▲ **c** *Profilschnitt durch den Bergsturz. Man beachte die steile Flanke der Antiklinalen, auf welcher die Sturzmassen abbrachen und sich talwärts bewegten (Grafik A. Pfiffner).*

Die heutige Talsohle besteht aus diversen Lockergesteinen: 1) Bergsturztrümmer, 2) Moränenablagerungen, 3) Hangschutt, 4) Schuttkegel von Seitenbächen und 5) Kies und Sand, abgelagert von der Linth, dem Sernf und der Löntsch (dem Ausfluss des Klöntaler Sees). Mit Ausnahme einiger Bergsturztrümmer und der Moränenablagerungen sind alle diese Ablagerungen nach dem Abschmelzen der Gletscher der letzten Eiszeit entstanden, also jünger als 20'000 Jahre.

Abb. 6-16 a und b dokumentieren die grossen Bergsturzablagerungen samt den Abrissrändern rund um Glarus. Schon J. Oberholzer beschrieb diese Bergstürze im Jahre 1900 recht eingehend. Die von ihm vorgeschlagene Reihenfolge der Bergstürze kann mit einer Ausnahme bestätigt werden. Die Benutzung von neuen, hochauflösenden Geländemodellen konnte Klarheit schaffen, was die Überprägung von Bergsturzablagerung durch späteres Überfahren durch Gletscher betrifft. Nachstehend werden die einzelnen Bergstürze in ihrer chronologischen Reihenfolge kurz beschrieben.

1) Die Bergsturzablagerungen am Stöggli (Koord. 2'722'500/1'210'320, 990 m ü. M.) liegen auf einem rundlichen Rücken, dessen Flanken von Rinnen durchschnitten sind (Abb. 6-16 b). Die exponierte Lage lässt keinen Schluss darüber zu, woher der Trümmerstrom kam. Die abgerundete Geländeform suggeriert, dass sie vom Gletscher der maximalen Vereisung überfahren wurde. Wie Oberholzer (1900) beschreibt, zeichnet sich diese Bergsturzbrekzie («Stöcklibrekzie») dadurch aus, dass sie stark verkittet ist, was relativ zu den unverkitteten Bergsturzablagerungen auf ein höheres Alter deutet. Aus diesen Gründen wird dieser Bergsturz als der älteste angesehen.

2) Die Trümmermasse zwischen Glarus und Schwanden zeichnet sich dadurch aus, dass die Morphologie von rundlichen Hügeln von etwa 100 m Durchmesser charakterisiert ist (Abb. 6-16 b). An vielen Stellen konnte Oberholzer (1900) feststellen, dass der Trümmerstrom von einer dünnen Moränenablagerung bedeckt ist. Offenbar ist dieser Bergsturz, welcher aus dem Gebiet Guppen–Vrenelisgärtli–Vorderglärnisch nach Westen losbrach, noch vor der letzten Eiszeit in das vom Gletscher ausgeweitete Tal niedergefahren.

3) Die Trümmermasse westlich von Glarus, inklusive die Hügel rund um Glarus haben eine unruhige Oberfläche, welche lokal von Scharen von Blöcken durchsetzt ist. Die juvenile Oberfläche lässt vermuten, dass diese Trümmermasse nicht von einem Gletscher überfahren wurde, denn dieser hätte die Oberfläche glattgeschliffen. Aus diesem Grunde ist dieser Bergsturz als post-glazial einzustufen und somit jünger als derjenige vom Guppen-Vrenelisgärtli. Die Abrisskante dürfte der Grat zwischen Vrenelisgärtli und Vorder Glärnisch sein, mit einer Sturzbahn über die Lokalität Gleiter (vgl. Abb. 6-16 b). Inwieweit der Trümmerstrom nicht nur nach Osten Richtung Glarus, sondern auch nach Westen ins Klöntal floss, muss offengelassen werden. Auffallend ist die Erosionskante in der Trümmermasse oberhalb Stotzigen (vgl. Abb. 6-14 b). Sie spricht für substanzielle fluviale Erosion nach dem Niedergang des Bergsturzes.

4) Die Trümmermasse im NE des Klöntalersees staute diesen und zeigt eine raue, durch Blöcke besetzte Oberfläche mit den typischen Eigenschaften eines Carapace[2]. Die Oberflächenform sieht ausgesprochen unberührt aus. Schon

[2] Carapace: blockreiche Schale an der Oberfläche der Schuttmasse.

Oberholzer (1900) vermutete, dass dieser Bergsturz, welcher vom Felszirkus Deyenstock-Wiggis wegbrach und sich nach Süden in den Ausgang des Klöntales ergoss, jünger ist als jener, der auf der gegenüberliegenden Seite niederfuhr (Abb. 6-16 b). Es ist davon auszugehen, dass dieser Bergsturz in die bereits vorhandene Trümmermassen hineinfuhr und diese möglicherweise etwas aufstaute. Jedenfalls ist dieser Bergsturz post-glazial.

5) Am 11. November 1593 brach ein Teil der gerade östlich des Vorder Glärnischs gelegenen Schwösteren ab und stürzte nach Norden ins Linthtal. Dieser Abbruch geschah unmittelbar nach einem Erdbeben. Die Trümmermassen blieben am Fuss der Bergflanke liegen (Abb. 6-14 a). Etwas später, am 3. Juli 1594, erfolgte ein zweiter Abbruch. Wie Oberholzer (1900) ausführte, flogen die Trümmer nicht bis ins benachbarte Glarus, wie Zeitzeugen das glaubhaft machen wollten (vgl. hierzu Baltzer 1874).

Zusammenfassend kann gesagt werden, dass die Bergsturzereignisse von Glarus sich über einen längeren Zeitraum

Exkursion

Wanderungen in der Landschaft der Bergstürze von Glarus

Von Glarus mit dem Bus nach Riedern (evtl. bis Klöntal Löntschtobel). Dann zu Fuss der Löntsch entlang Richtung Cholgrüebli bis Rhodannenberg durch die zertrümmerten Kalke des Bergsturzes der Deyenstock-Wiggiskette, Aufstieg Richtung Hinter-Saggberg und Schwammhöchi durch den blockübersähten Wald (Carapace) bis Vorder-Saggberg (Abb. 6-16 c). Hier befindet man sich an der Grenze zwischen den Trümmermassen der Bergstürze der Deyen-Wiggiskette und des Gleiters, der vom Glärnisch abbrach. Der Abstieg durch Stotzigen befindet sich in der Gleiter-Sturzmasse. Bei Widen touchiert man noch die Trümmer des Schwöstere-Bergsturzes, welcher 1593/1594 durch ein Erdbeben ausgelöst wurde. Der Weg führt dann zwischen den Hügeln Kalkbühl und Bergli in der Gleiter-Trümmermasse Richtung Glarus Bahnhof.

Tagestour mit 13 km Wegstrecke, 500 m Auf-/Abstieg; gutes Schuhwerk erforderlich.

▶ **Abbildung 6-16** *Die Bergstürze von Glarus.*
a *Blick von Süden (Foto: H. Bühler, Netstal)*

erstreckten und sowohl prä- wie post-glaziale Ereignisse umfassen. Für die Auslösung der Bergstürze kann (mit Ausnahme des jüngsten) ein Erdbeben nur vermutet werden. Klimabedingte Wechsel von Warm- und Kaltzeiten dürften aber strukturelle Schwächen im Fels verursacht oder zumindest verstärkt haben. Zusätzlich verläuft längs des Linthtales im tiefen Felsuntergrund eine bedeutende Bruchzone (Pfiffner et al. 2010), die schon während der Bildung der Alpen angelegt wurde. Es ist denkbar, dass die der Bruchzone benachbarten Felspartien schon damals geschwächt wurden. Bruchzone und Temperaturschwankungen schafften Bedingungen, welche die Auslösung von Bergstürzen begünstigten.

In der weiteren Umgebung sind noch mehrere Bergsturzereignisse erfolgt, und in historischer Zeit kam es auch verschiedentlich zu Felsabbrüchen im Glärnischmassiv. Speziell erwähnt seien auch die Abbrüche im Tödi-Gebiet, welche gewisse Stellen unpassierbar machten: vom Sandgipfel des Tödi im Jahre 1964, 1996 vom Zuetribistock und 2018 vom Ochsenstock.

a

▲ **b** *Digitales Höhenmodell (Karte: © swisstopo). Die Zahlen zeigen die Reihenfolge der Bergstürze: 1 = Stöckli-Bergsturz, 2 = Guppen-Bergsturz, 3 = Gleiter-Bergsturz, 4 = Bergsturz der Deyenstock-Wiggiskette, 4 = Schwösteren-Bergsturz. (Geländemodell: © swisstopo, ergänzt durch A. Pfiffner)*

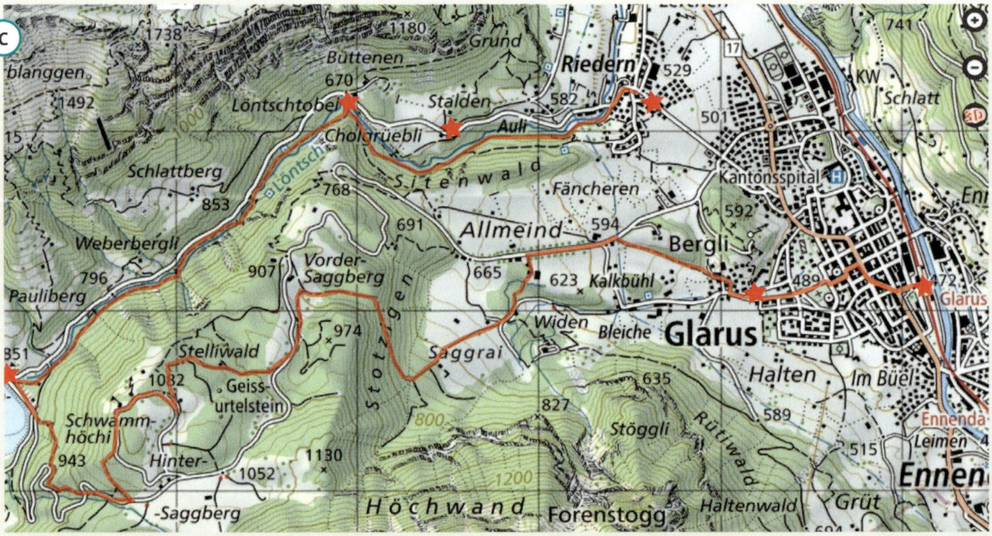

▲ **c** *Karte der Exkursion durch die Landschaft der Bergstürze von Glarus (Karte: © swisstopo). Sterne markieren Bushaltestellen und den SBB-Bahnhof.*

Der Bergsturz von Siders

Wenn man 8 km vor Siders das Rhonetal hinauffährt, fallen die Hügel auf, die aus der Schwemmlandebene herausragen. Auf der Höhe des Dorfes Noës schmiegen sich die Hügel aneinander, und zwischen Siders und Salgesch reduziert sich das Schwemmland auf einen schmalen Korridor, der von bewaldeten Hügeln gesäumt wird: der Pfynwald.

So beschreibt Marcel Burri (1955) das Zusammentreffen mit dem Bergsturz von Siders. Der Bergsturz von Siders prägt die Landschaft von Siders und dem Pfynwald, hinterliess aber Spuren talabwärts bis Granges und talaufwärts bis über Pfyn. Reste der Abrisskante sind als über 100 Meter hohe Felswände in den Lokalitäten Gitzi-

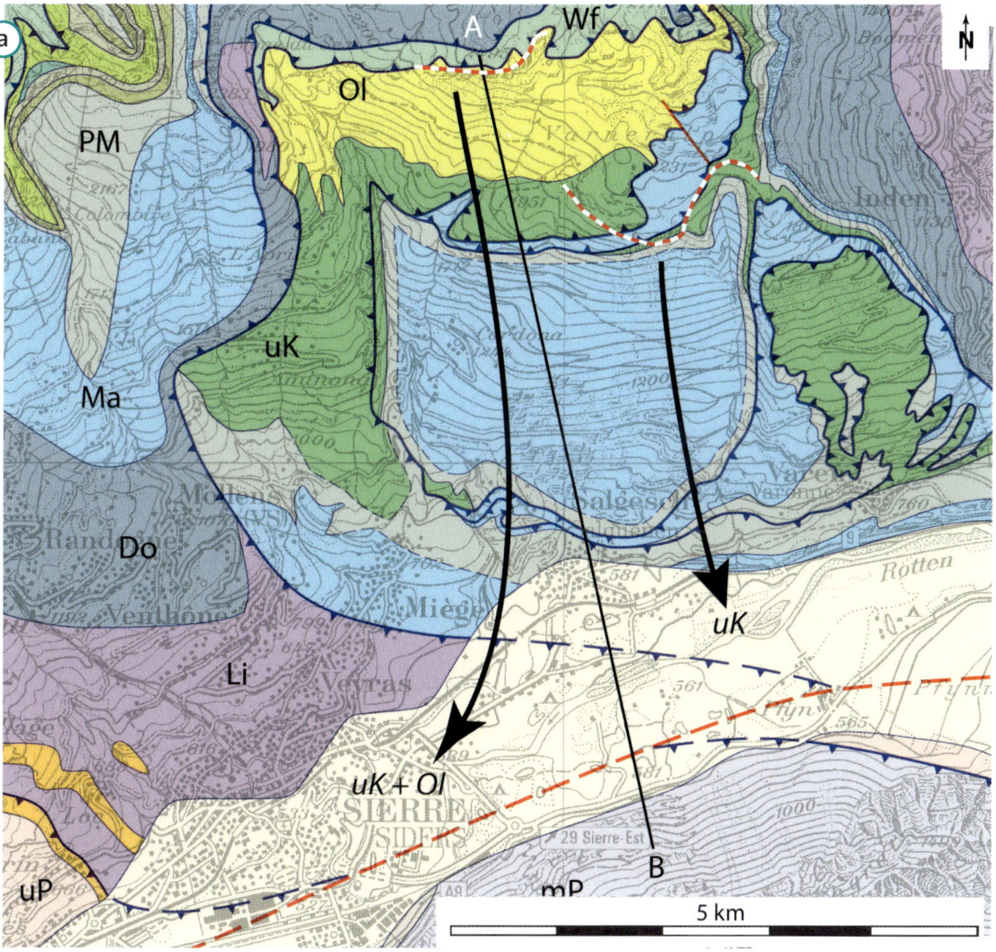

▲ **Abbildung 6-17 a** *Geologische Karte des Bergsturzes von Siders (Pfiffner et al. 2010) mit den Abrisskanten (weiss-rote Linien) und der Sturzbahn (Pfeile). Der Abscherhorizont ist in den Palfris-Mergeln (PM) zwischen dem Quinten-Kalk (Ma) und den Unterkreidekalken (uK) zu suchen. Die Linie AB ist die Spur des Profilschnittes in Abb. 6-17 b. Li: Lias, Do: Dogger, Ma: Malm, uK: Untere Kreide, Ol: Oligozän (Flysch), Wf: Wildflysch, uP: Unterpenninikum, mP: Mittelpenninikum.*

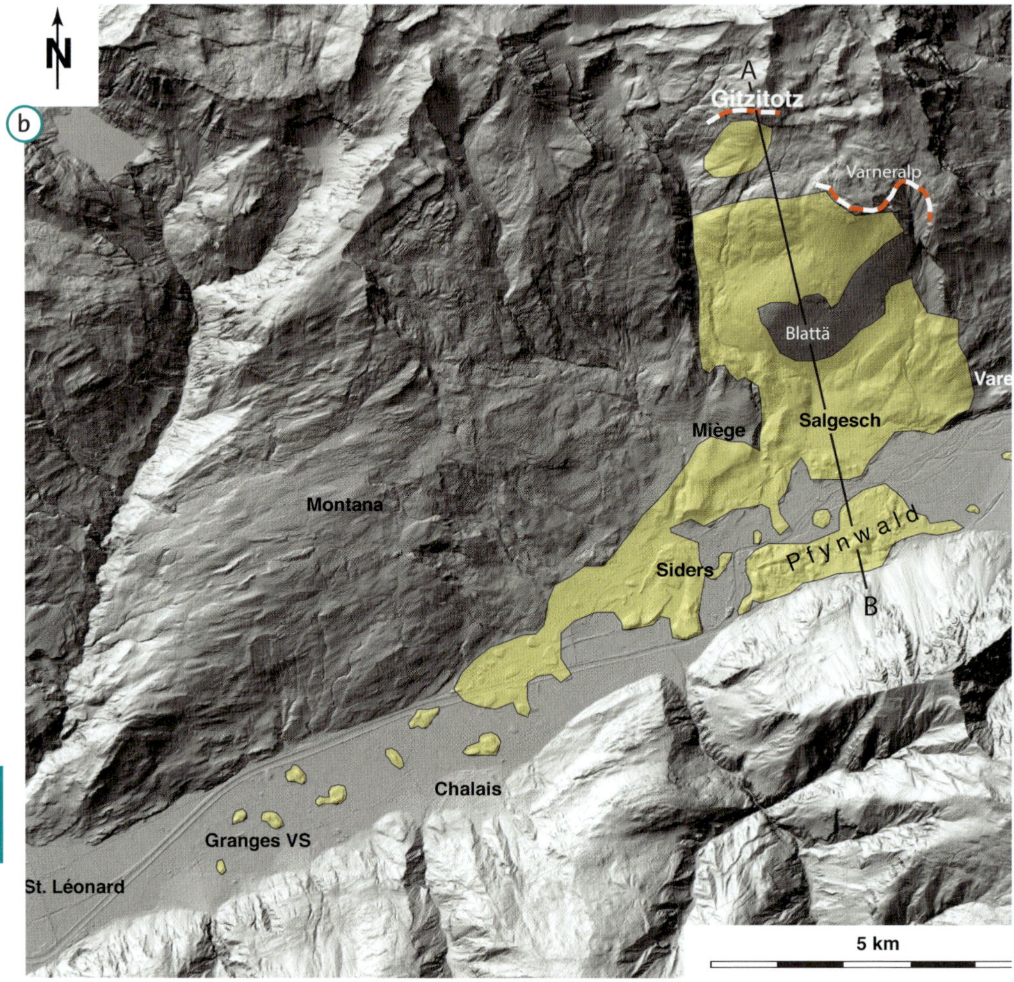

▲ **b** *Profilschnitt A-B durch das glazial übertiefte Rhonetal (A. Pfiffner). Die Lockergesteinsfüllung des Tals besteht unten aus Sand, Kies und Silt, oben aus den Bergsturztrümmern. Angegeben ist auch die vermutete Landoberfläche vor dem Bergsturzereignis. Die Profilspur ist in Abb. 6-17 a und Abb. 6-17 c eingetragen.*

totz und Varneralp oberhalb Salgesch in einer Höhe von 2400 und 2'200 m ü. M. noch vorhanden (vgl. Abb 6-17 a). Auf der Varneralp (Planitschat) besteht die Felswand aus Kalken der Unterkreide, am Gitzitotz ist es eine aus oligozänen Flyschsandsteinen. Wie der Profilschnitt in Abb. 6-17 b zeigt, fallen diese geschichteten Sedimentserien nach Süden ein, oben flach, unten mit etwa 45°. Eine Mergelschicht zwischen den Kalken des Jura und der Kreide, die Palfris-Mergel, bildete den basalen Abscherhorizont des Bergsturzes. Die Kalkplatten der Lokalität Blattä bilden das unmittelbar Liegende unter der abgeglittenen Trümmermasse.

Die Trümmermasse besteht nach Gabus et al. (2008) im Osten hauptsächlich aus Kreidekalken (Öhrli-Kalk), enthält aber im Westen auch Sandsteinblöcke (Taveyan-

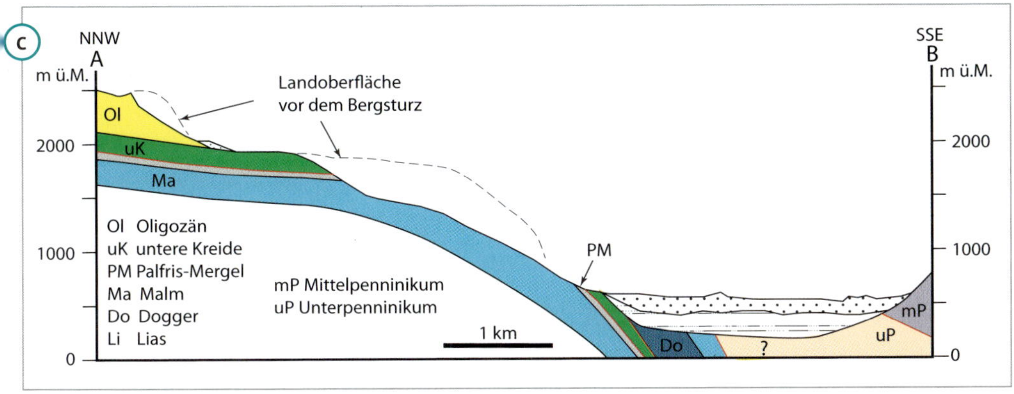

▲ c *Digitales Höhenmodell mit den Abrisskanten (rot-weiss) und der Verteilung der Trümmermasse (gelbe Fläche) auf der Talflanke und im Talgrund (Höhenmodell: © swisstopo, ergänzt durch A. Pfiffner). Auf der Flanke bei Montana sind die Schleifspuren des Gletschers der letzten Eiszeit noch erhalten.*

naz-Formation). Dies entspricht genau der Zusammensetzung der Gesteine an der Abrisskante (Planitschat im Osten, Gitzitotz im Westen). Aus dieser Korrelation sind die in Abb. 6-17 a eingezeichneten Sturzrichtungen abgeleitet.

Die Verteilung der Trümmermassen in der Landschaft ist im Geländemodell von Abb. 6-17 c ersichtlich. Die Trümmer bedecken ein Gebiet von rund 30 km^2, wovon die Hälfte auf den Talgrund entfällt. Auf der Talflanke ist die Mächtigkeit der Trümmermasse gering, und bei Blattä fehlt sie vollständig. Im Talgrund ist die Sturzmasse etwa 200 m dick, wobei die Untergrenze nur abgeschätzt werden kann. Das Volumen der Bergsturztrümmer kann somit nur grob geschätzt werden und dürfte etwa 1 km^3 betragen. In diesem Volumen ist auch der später von der Rhone abgetragene Bergsturzschutt enthalten. Auffallend sind die hügeligen Partien im Pfynwald und rund um Siders. Im Südwesten, gegen Granges hin, ragen nur einzelne Bergsturzhügel aus der von der Rhone aufgeschotterten Talsohle. Gleiches gilt auf der Ostseite südlich Varen.

Burri (1997) und Gabus et al. (2008) beschreiben an verschiedenen Stellen glaziale und fluviale Sedimente, die auf der Trümmermasse liegen. Bei den glazialen Sedimenten (Diamiktite) dürfte es sich um Grundmoräne (Till) des Rhonegletschers handeln, welche ursprünglich auf der Talflanke lagen und mit dem Bergsturz mitbewegt wurden. Die fluvialen Sedimente (meist Kies oder Sand) wurden von der Rhone beim Durchfliessen und Erodieren der Bergsturzmasse angelagert. Burri (1997) gibt eine detaillierte Beschreibung der Zusammensetzung dieser Sedimente. Nebst der heutigen Bresche der Rhone gibt es einen alten, heute inaktiven Durchfluss, in welchem der Gerundensee liegt.

Die Trümmermasse selbst wird von Burri (1997) eingehend diskutiert. Sie besteht aus zerrütteten Kalken und Sandsteinen, wobei in einigen Fällen ursprüngliche Sedimentstrukturen erhalten geblieben sind. In vielen Fällen liegt eine Brekzie vor, bei welcher eckige Komponenten in einer fein zerriebenen Matrix schwimmen. Insgesamt ist die interne Struktur der Trümmermasse sehr heterogen und ähnlich jener des Flimser Bergsturzes.

Das Alter des Bergsturzes von Siders ist noch nicht definitiv datiert. Auf jeden Fall ist der Bergsturz nach dem Abschmelzen der Gletscher der letzten Eiszeit niedergegangen, ist also jünger als 12000 Jahre. Holzstücke in einer Lehmschicht in Bohrungen zwischen Leuk und der Rohne ergaben ein ^{14}C-Alter von 8250 Jahren (Gabus et al. 2008). Die genaue Lage und Entstehung der Lehmschicht ist nicht näher beschrieben. Das Holzstück könnte ein Minimalalter wiedergeben.

Das Rhonetal wurde von den Gletschern der letzten Eiszeit ausgehobelt und übertieft. Im Geländemodell von Abb. 6-17 c sind die Schürfspuren des Rhone-Gletschers auf dem Talhang bei Montana noch deutlich sichtbar. Der Untergrund des Rhonetals wurde im Rahmen des nationalen Pro-

Exkursion

Durchquerung des Bergsturzes von Siders, durch den Pfynwald, von Siders nach Susten

Den besten Einblick in den Bergsturz von Siders gewinnt man im Pfynwald, einem wunderschönen Naturschutzgebiet. Die Felsen entlang der Rhone nördlich des TCS-Campingplatzes (Abb. 6-18 b, Route A) sind ein gutes Beispiel für die Gesteinsmassen, die gegen Ende der letzten Eiszeit von der Gitzistock-Klippe südlich des Plaine Morte-Gletschers abstürzten. Diese Gesteinskompartimente wurden beim Absturz intern relativ wenig deformiert, im Gegensatz zu den Hügeln entlang der Autobahn Sion–Sierre oder auch dem Hügel von Géronde (Abb. 6-18 a).

Die Durchquerung des Pfynwalds mit seinen Naturschätzen wird in https://www.pfyn-finges.ch/de/naturpark-entdecken/auf-eigene-faust/wandern/offer-detail/pfynwalddurchquerung beschrieben. Die Wanderung verbindet die SBB-Bahnhöfe Sierre und Susten und führt über eine Distanz von 11 km (etwa 3 Std. Wanderzeit). Das abwechslungsreiche Relief aus Hügeln und Senken ist das Ergebnis des Bergsturzes. Früher wurde vermutet, dass die Senken auf das Schmelzen von Eis, welches unter den Bergsturztrümmern gefangen war, zurückzuführen sei. Da nun die neue Datierung ein postglaziales Alter für den Bergsturz nahelegt, muss die alte Hypothese fallen gelassen werden. Weitere Forschungsarbeiten dürften hier Klarheit schaffen.

Vom SBB-Bahnhof Siders bis zur Brücke über die Rohne verläuft die Wanderung über Bergsturzmaterial. Danach steigt man zum TCS-Campingplatz auf (Wanderung Sektor B). Dem Wanderweg folgend geht es über die hügeligen Reliefs des Bergsturzmaterials in den Pfynwald mit seinen Hügeln und Seen. Beim Übergang zum Unner Pfynwald (Koord. 2'611'510/1'127'750) gelangt man auf die grosse Schwemmebene der Rhone, wo sich durch den Bergsturz und das Abschmelzen des Gletschers ein See gebildet hatte.

jekts NFP 20 reflexionsseismisch analysiert (Pfiffner et al. 1997). Es zeigte sich, dass sich der felsige Untergrund in dieser Region ungefähr auf Meereshöhe befindet. Während der Gletscherschmelze füllte sich das Tal bis zu einer Höhe von etwa 450 m ü. M. mit fluvio-glazialen Sedimenten. Der obere Teil der Füllung wird von den Sanden und Kiesen der Rhone gebildet. Zum Zeitpunkt des Bergsturzes waren diese Sedimente mit Wasser gesättigt. Sie verflüssigten sich unter der Wucht des Bergsturzes zu einer Suspension und führten zur Bildung eines Murenabgangs, durch den sich die Bergsturztrümmermasse 5–10 km weit von Siders nach St. Leonard bewegte. Dieses Phänomen ist auch beim Flimser Bergsturz bekannt.

▲ **Abbildung 6-18 a** *Bergsturzsee Gerundensee/Lac de Géronde, und Blick über den Naturpark Pfyn-Finges, die Bergsturzhügel und das Rhonetal in Richtung Nordost (Foto: © Christian Pfammatter).*

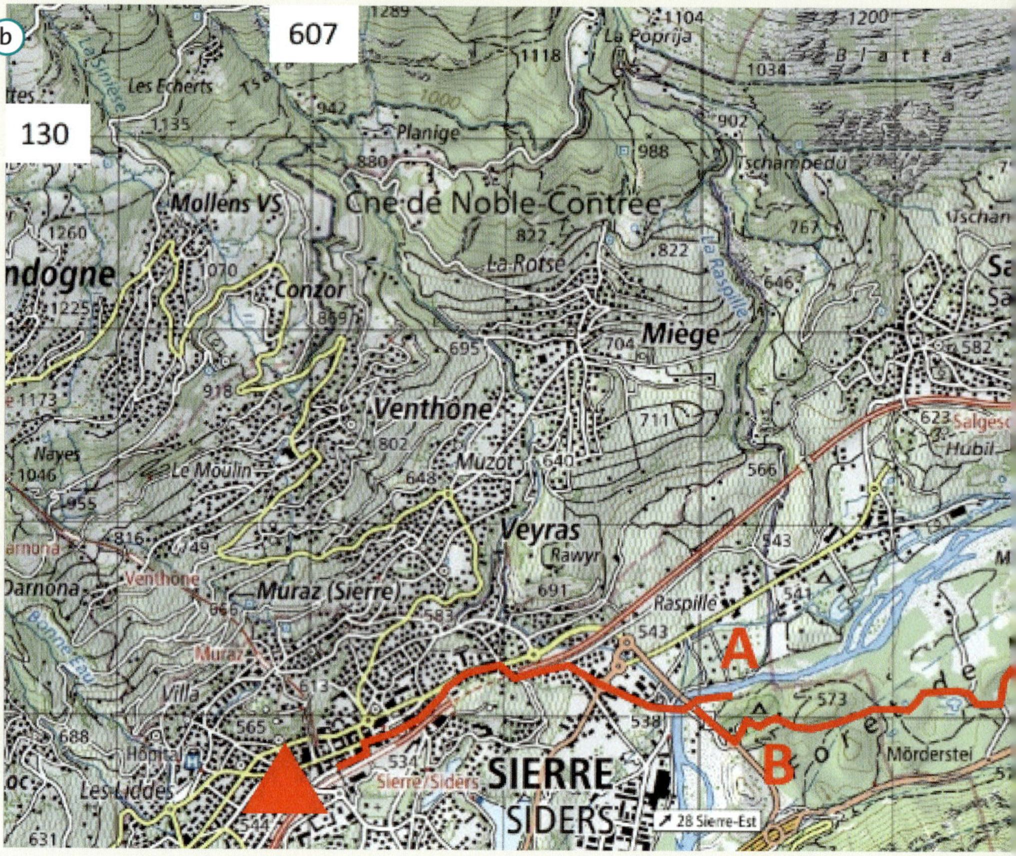

▲ **b** *Wanderroute durch den Bergsturz, von Siders nach Susten (Karte: © swisstopo).*

Beim Weiler Pfyn führt der Wanderweg hinauf zum riesigen Schuttkegel des Pfynwaldes (Abb. 6-18 b), der aus dem Material besteht, das der Wildbach des Illgrabens im Verlauf der Zeit aufgeschüttet hat. Ein Grossteil des Materialtransports geschah dabei durch Murgänge (siehe Kapitel 6.4). Man überquert den Illgraben über die Brücke der Kantonsstrasse (Koord. 2'614'966/ 1'128'843) und gelangt im Dorfzentrum zum Bahnhof Susten.

Der Schuttkegel des Illgrabens ist ein typisches Beispiel für die Landschaftsgestaltung seit dem Abschmelzen der Gletscher der letzten Eiszeit. Über mehr als 20 000 Jahre gab es immer wieder folgenschwere Einzelereignisse mit Murgängen, die den Talgrund sukzessive auffüllten. Schuttkegel sind in allen Alpentälern vorhanden und belegen, was das abfliessende Oberflächenwasser fertig bringt. Diese Prozesse werden auch in Zukunft aktiv sein.

► **Abb. 6-18 c** *Relief der Bergsturzmassen im westlichen Teil des Pfynwaldes.*

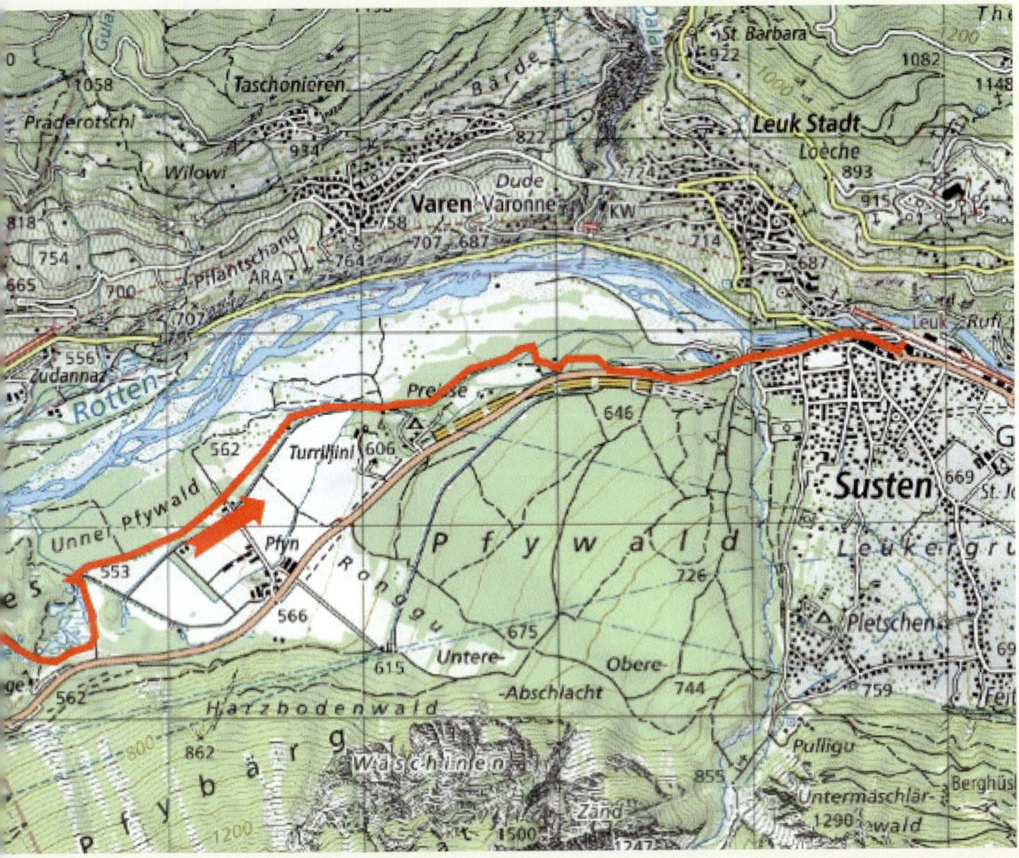
St. Barbara
922
1082
1148
1200
1000
Taschonieren
1058
Praderotschl
Bärde
822
Leuk Stadt
Loèche
893
934
Wilowi
Dude
Varen
Varonne
724
KW
915
818
758
707
687
714
754
Pflantschang
ARA
764
687
665
700
707
Leuk
Rufi
556
Zudannaz
Rotten
Preisse
646
562
Turriljini
606
Susten
669
Unner Pfywald
Pfyn
P f y w a l d
Leukergru
553
Rongu
726
566
675
Pletschen
615
Untere-
Obere-
-Abschlacht
744
759
562
Harzbodenwald
800
862
Pfybärg
Waschinen
Pulligu
855
Untermaschlär-
wald
Berghüsl
1290
1200
Zänd
1500
1247

C

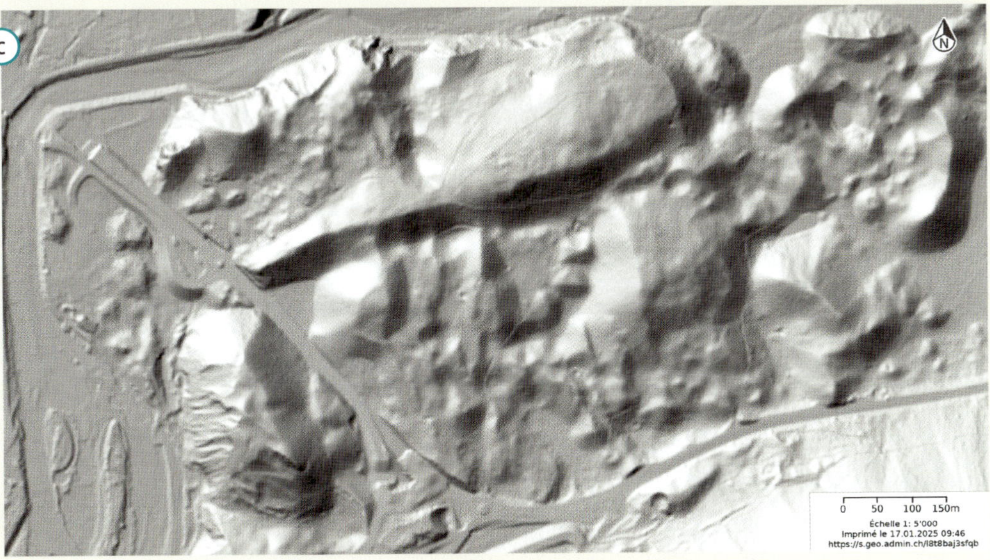
N
0 50 100 150m
Échelle 1: 5'000
Imprimé le 17.01.2025 09:46
https://s.geo.admin.ch/l8t8baj3sfqb

Die Bergsturzlandschaft Kandersteg

Rund um Kandersteg gingen mehrere Bergstürze nieder. Ein älterer Bergsturz von der Bire her, vor 9600–9100 Jahren, staute die Kander bei Kandersteg (BE) zu einem See. Dieser See durchtränkte die Trümmermasse, wodurch ein gewaltiger Schuttstrom entstand, welcher bis fast nach Frutigen reichte. Ein nächster Bergsturz erfolgte vor 3'210 ± 200 Jahren vom Doldenstock her und floss über eine Strecke von 10 km von Kandersteg bis Frutigen. Er hinterliess einen hügeligen Trümmerstrom mit Depressionen. In einer dieser Senken liegt der Blausee (Abb. 6-5). Später, vor 2300 Jahren, erfolgte ein kleinerer Bergsturz vom Doldenstock in Richtung NNW und schüttete den Riegel des Öschinensees auf. Ein Teil dieses Trümmerstroms blieb auf der Gleitfläche Bim Spitze Stei liegen, bewegt sich aber heute langsam in Richtung Öschinensee, verursacht Felsstürze und bedroht Teile von Kandersteg.

Exkursion

Der Trümmerstrom des Bergsturzes bei Kandersteg

Gerade westlich des Bahnhofs von Kandersteg erhebt sich ein langgestreckter Hügel, welcher eine vegetationsfreie Zone aufweist, in welcher sich die Trümmermasse des Bergsturzes bestens beobachten lässt. Vom Bahnhofplatz läuft man nach Norden und biegt nach 500 m links in die Unterführung ab, biegt dann nach rechts ab und folgt nach 100 m dem Pfad nach links Richtung Uf der Höh (Abb. 6-19). Bevor man die Geländekante nach einem steilen Aufstieg erreicht, geht man über die durch den Bergsturz zerrütteten Kalke. Die Zerrüttung zeigt sich im morphologischen Ausdruck: während «gesunde» Kalke hohe Felswände bilden (siehe gegenüberliegende Talseite), weisen die zerrütteten Kalke Rinnen auf, die vom abfliessenden Oberflächenwasser eingeritzt werden. Von der Geländekante aus gewinnt man einen schönen Ausblick auf die Abrisskante des Bergsturzes, die vom Üssere Fisistock zum Doldestock zieht, wie auch die Gleitfläche unterhalb dieser Abrisskante. Der Weg führt nun längs der Geländekante nach Norden zu den Punkten 1279 und 1286. Beim Abstieg von Punkt

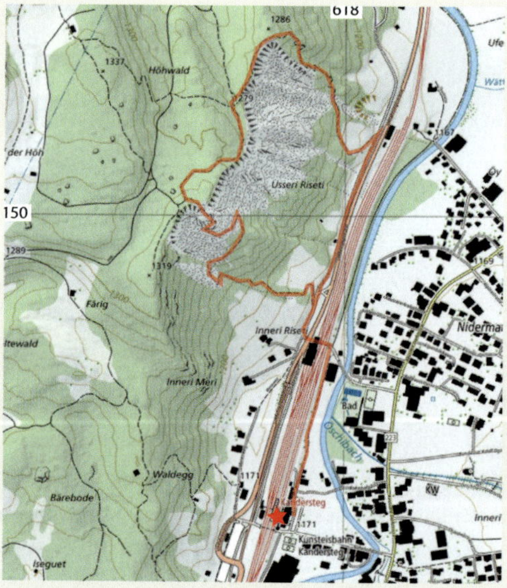

▲ **Abbildung 6-19** *Karte der Exkursion zum Trümmerstrom von Kandersteg (Karte: © swisstopo).*

1286 aus kann man noch einmal Einblick in die Rinnen in den zerrütteten Kalken haben. Der Weg zurück folgt der Strasse und gewährt eine Übersicht über die Morphologie des Trümmerstroms in der Usseri Riseti.

Der Bergsturz von Randa (VS)

▲ **Abbildung 6-20** *Bergsturz von Randa, 9. Mai 1991 (Foto: © Police cantonale du Valais).*

Am 18. April und 9. Mai 1991 lösten sich 30 Millionen m^3 Gestein von den Flanken des Weisshorns (Mattertal, Wallis), und bildeten am Fuss des «Gufer» einen riesigen Schuttkegel (Abb. 6-20, 6-21). Ursache für die Destabilisierung der Felswand war eine Abfolge von Frost- und Tauwetterereignissen und ein erhöhter Wasserdruck in den Felsspalten. Die im Tal angesammelten Felsmassen stauten zunächst einen Stausee auf, überfluteten Teile des Dorfes mitsamt seiner Kläranlage und zerstörten die Eisenbahnlinie.

▼ **Abbildung 6-21** *Bergsturzkegel von Randa, Übersicht über Abbruchstelle und Schuttkegel (Foto: © https://upload.wikimedia.org/wikipedia/commons/c/c8/Bergsturz_Randa.JPG).*

Bergsturz und Murgang vom Pizzo Cengalo

Am 23. August 2017 ereignete sich am Pizzo Cengalo (Bergell) ein Bergsturz, bei dem ein Gesteinsvolumen von 3 Mio. m^3 nach Norden in die Val Bondasca abstürzte. Dieses Ereignis verursachte mehrere Murgänge, welche ein Dutzend Gebäude im Dorf Bondo zerstörten und den Tod von acht Wanderern forderten (Abb. 6-22). Abgestürzt sind granitische Gesteine (Bergell-Granodiorit), welche möglicherweise durch das Auftauen des Permafrosts instabil geworden sind. Die Murgänge entstanden dadurch, dass die Bergsturztrümmer auf wassergesättigte Sedimente (Sand und Kies) prallten und diese verflüssigten.

▲ **Abbildung 6-22** *Das Dorf Bondo (Bergell) nach dem Felssturz und den Murgängen von 2017 (Foto: @ VBS swisstopo/Flugdienst).*

Bergsturz und Schuttstrom vom Piz Scerscen

Am 14. April 2024 ereignete sich am Piz Scerscen zwischen Piz Bernina und Piz Roseg ein Bergsturz, bei dem ein Volumen von etwa 1 Mio. m^3 abstürzte. Die Abbruchstelle in den granitischen Gesteinen der Bernina befand sich auf etwa 3'600 m ü. M. Die abgestürzten Gesteine prallten auf und flossen über den Gletscher Vadret da Tschierva und ergossen sich schliesslich über eine Distanz von über 5,5 km in die Val Roseg (vgl. Abb. 6-23). Der lange Transportweg erklärt sich dadurch, dass die abgestürzten Trümmer sich mit dem noch vorhandenen Nassschnee vermischten und so als fliessfähige Suspension zu Tale flossen.

► **Abbildung 6-23** *Der Piz Scerscen mit der Abbruchstelle und dem mit Schnee vermischten Schuttstrom von 2024 (Foto: @ Kantonspolizei Graubünden).*

6.2 Felsstürze

Bei einem Felssturz zerfällt der Fels in Blöcke unterschiedlicher Grösse. Diese Blöcke stürzen in einem augenblicklichen, kurzzeitigen Ereignis mit lautem Getöse ab, oft unter Erzeugung einer Staubwolke, und werden am Fuss der Felswand oder weiter hangabwärts abgelagert (Abb. 6-24). Felsstürze haben ein Volumen von weniger als 1 Million m^3.

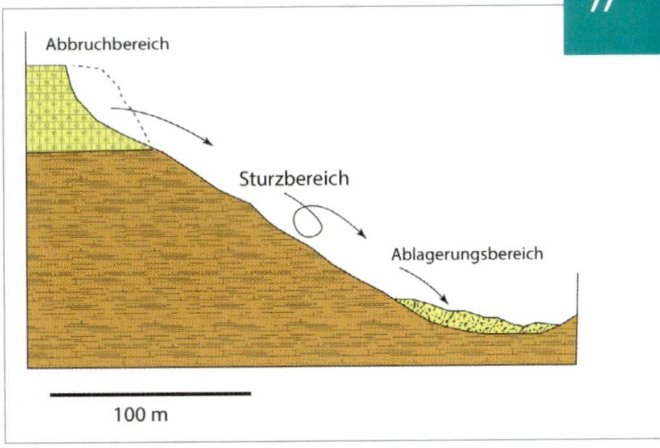

▲ **Abbildung 6-24** *Schematischer Schnitt durch einen Felssturz.*

In den Alpen finden sich zahlreiche Felssturzablagerungen. Sie reichen von kleinen Felsvolumen lokaler Abstürze bis hin zu grossflächigen Abbrüchen, welche fliessend übergehen können in Bergstürze.

Ein tragischer Felssturz ereignete sich am 10. April 1939 in Fidaz (GR, Abb. 6-25 a), bei welchem das Kinderheim Sunnehüsli zugeschüttet wurde. 18 der 29 Insassen, davon 13 Kinder, sind dem Berg zum Opfer gefallen. Die Kinder stammten aus dem Ausland und wurden von ihren Eltern ins friedliche Fidaz platziert, geschützt vor den Gefahren des Zweiten Weltkriegs.

Exkursion

Der Felssturz von Fidaz

Von Flims nimmt man den Bus nach Fidaz bis zur Haltestelle Fidaz-Pinut. Von dort führt der Weg 100 m weiter entlang der Strasse und biegt dann linkerhand ab auf den Pfad bergauf (vgl. Abb. 6-25 a). Nach knapp 200 Höhenmetern erreicht man die Trümmer des Felssturzes bei Bova Sura (romanisch für «Oberer Felssturz»). Von jetzt an quert man die Trümmer mit den zerstreuten, grossen Kalkblöcken. Bald erreicht man

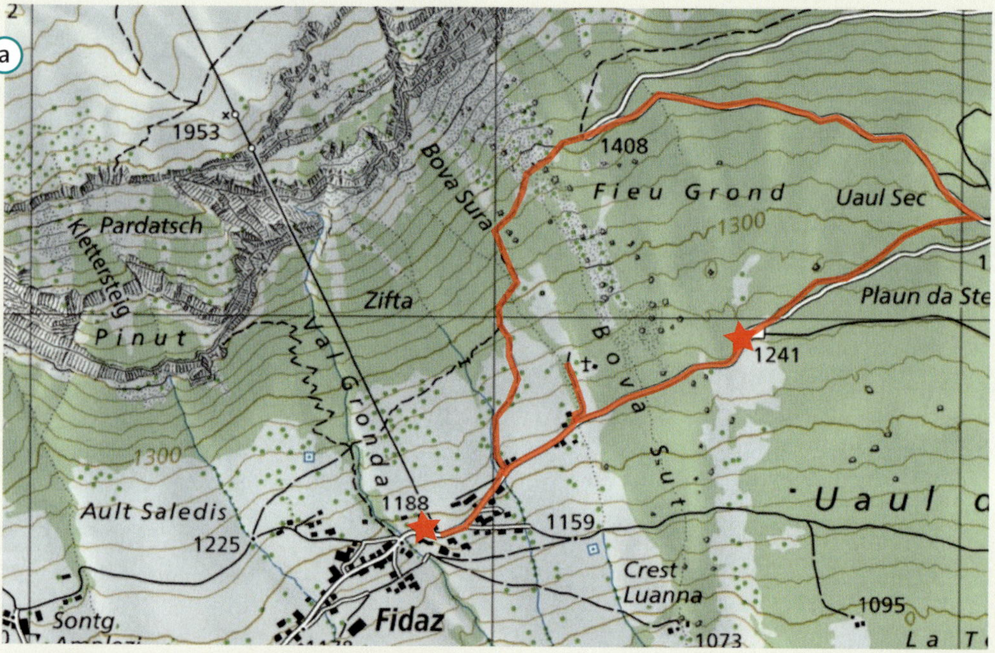

▲ **Abbildung 6-25 a** *Karte der Exkursion zum Felssturz von Fidaz (Karte: © swisstopo). Sterne markieren Bushaltestellen.*

Felsstürze stehen an erster Stelle der Bedrohungen für die Infrastruktur, insbesondere für Strassen und Eisenbahnlinien in den Alpen, was z. B. die häufigen Unterbrechungen der Axenstrasse am Vierwaldstättersee zeigen (Abb. 6-26).

► **Abbildung 6-26** *Felssturz auf der Axenstrasse am Ufer des Vierwaldstättersees im Jahr 1971 (©ETH-Bibliothek Zürich, Bildarchiv / Fotograf: Comet Photo AG (Zürich) / Com_C22-090-002 / CC BY-SA 4.0).*

die Fahrstrasse von Bargis und folgt dieser knapp einen Kilometer abwärts, wo man rechts in den Wanderweg einbiegt. Nach der Haltestelle Fidaz-Waldrand quert man die Trümmer des Felssturzes ein zweites Mal. Gerade vor den ersten Häusern steigt man kurz auf zum Mahnmal des Unglücks von 1939. Der untere Teil des Trümmerfeldes (Bova Sut) ist waldbewachsen und reicht bis zum Crest Luanna (Abb. 6-25 a).

b

▲ **b** *Der Felssturz von Fidaz (Bild: Werner Friedli, ETH Archiv). Die Aufnahme stammt aus dem Jahre 1954. Der rote Stern markiert die ungefähre Lage des Kinderheims.*

Exkursion

Oeschinensee und Bim Spitze Stei

a

Von Kandersteg nimmt man die Sesselbahn nach Oeschinen. Von der Bergstation wandert man etwa ein Kilometer nach Osten und zweigt dann links in den Bergweg ab und folgt diesem bis Oberbärgli (vgl. Abb. 6.2 Öschinensee). Dieser Weg ist steinschlaggefährdet. Vom Weg aus sieht man auf die Abrisskante des Bergsturzes von Kandersteg vom Üssere Fisistock zum Doldestock sowie die darunterliegende Sturzbahn. Vor dem Doldestock befindet sich der rutschende Block Bim Spitze Stei. Der bedrohliche Absturz dieser Kalkmasse in den Oeschinensee lässt sich zwanglos ermessen bei diesem Anblick.

Von Oberbärgli steigt man ab zum Oeschinensee (steil bis Underbärgli, steinig beim Heuberg). Von dort steigt man entweder direkt zur Bergstation der Sesselbahn hoch, oder wandert über Grüenewald nach Kandersteg. Beim Abstieg sind die markierten Wege zu nutzen (Steinschlaggefahr von Süden her).

Gutes Schuhwerk, 8 oder 10 km Laufweg, 300 Höhenmeter Aufstieg, 400 oder 800 Höhenmeter Abstieg, Gesamtdauer ab Sesselbahn Bergstation: 5 Stunden oder 7 Stunden.

Ein spektakulärer Felssturz ereignete sich am 29. September 2007 gerade nördlich des UNESCO-Weltnaturerbes Tektonikarena Sardona am **Kärpf**. Ein geistesgegenwärtiger Berggänger (O. Adolph), der zufällig vor Ort war, konnte den Felssturz fotografisch festhalten. Eine Auswahl seiner Bilder samt Kommentar sind in Abb. 6-28 zu sehen.

Schliesslich stürzten im August 2022 einige Tausend Kubikmeter aus der Nordwand des Piz Dolf im Perimeter des UNESCO Welterbes Sardona und verschüttete den Bergwanderweg von der Sardonahütte SAC zur Fuorcla dils Sax/Trinser Furgga (Abb. 6-29). Es ist dies die einzige Verbindung zwischen dem Calfeisental (SG) und der Region Flims (GR). Da noch weitere Abbrüche zu erwarten sind, bleibt der Weg vorerst gesperrt.

Am 3. Oktober 2024 stürzten 100'000 m^3 des Nordteils des Grossen Tschingelhorns ab. Der Abbruch passierte auf dem Grenzkamm Glarus-Graubünden innerhalb des Perimeters des UNESCO-Welterbes Sardona, und änderte das Aussehen des prominenten Gipfels über dem berühmten Martinsloch signifikant.

Abbildung 6-27

◀ **a** *Felssturz Bim Spitze Stei (Oeschinensee, Kandersteg) am 23.08.2022 (Foto: © J.L. Loizeau, Inst. Forel).*

▲ **b** *Karte der Exkursion zum Oeschinensee (Karte: © swisstopo). Sterne markieren Stationen der Sesselbahn Oeschinen.*

Eine Spalte öffnet sich (Pfeil), aus welcher Gesteinstrümmer rausrieseln.

Die Spalte öffnet sich zu einer Scharte; mehr Gesteinstrümmer stürzen ab.

Der ganze Turm rechts der Scharte neigt sich nach vorn und stürzt ab.

Die Trümmer des Turms bilden einen schwarzen Teppich auf dem Hang.

▲ **Abbildung 6-28** *Felssturz am Kärpf am 29.09.2007 (Foto: @ O. Adolph).*

6.3 Hangrutsche

Aus physikalischer Sicht und in Bezug auf den Auslösemechanismus sind Hangrutsche dadurch gekennzeichnet, dass sich im Untergrund eine Bruchfläche entwickelt, welche der Gesteins- und Erdmasse als Gleitfläche dient (Abb. 6-30 a). Die Abrissnischen von Hangrutschen sind oft klaffende Spalten parallel zum Hang, welche dann, wenn sie durch Schutt gefüllt sind, zu Nackentälchen führen (Abb. 6-30 b). Hangrutsche sind häufig mit tonhaltigen Böden mit hohem Wassergehalt verbunden. Hangrutsche werden auch als Bergrutsche bezeichnet. Wenn grosse, kompakte Felsmassen rutschen, spricht man hingegen von Sackungen.

In den Alpen finden sich zahllose Hangrutsche, in allen Grössenordnungen, von instabilen Strassenböschungen bis hin zu ganzen abgleitenden Bergflanken. Wir zeigen hier einige besonders interessante Beispiele (Abb. 6-30 b – 6-42).

Ein Hangrutsch kann langsam verlaufen, mit Geschwindigkeiten von bloss einigen Metern pro Jahr, oder schneller und verheerender, wie etwa 1994 in **Falli-Hölli** im Kanton Freiburg, wo eine alte Rutschung, die jahrhundertelang inaktiv geblieben war, plötzlich erwachte und eine ganze Feriensiedlung mit sich riss (Abb. 6-31).

▲ **Abbildung 6-29 a** *Felssturz am Piz Dolf/ Trinserhorn am 15.08.2022 (Foto: @ sardona24/ Online-Portal für das Sarganserland).*

Ein anderer interessanter Fall liegt in der **Val Canaria** (TI) vor, wo sich ein aus verkarstetem Gips gebildeter Hang in den 1990er-Jahren in Bewegung setzte, und den Wasserlauf des Tals auf den gegenüberliegenden Hang verlagerte (Abb. 6-32 a).

▲ **Abbildung 6-29 b** *Das Grosse Tschingelhorn vor und nach dem Absturz vom Oktober 2024. (Fotos R. Homberger und L. Grämiger)*

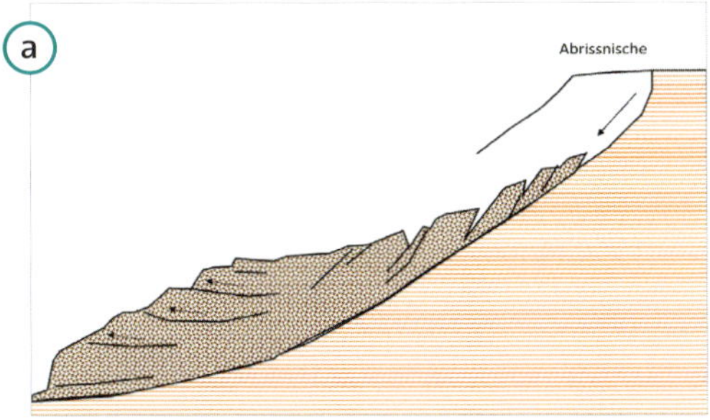

▲ **Abbildung 6-30 a** *Schematischer Schnitt durch einen Hangrutsch (rotierende Rutschung, auf einer gekrümmten, «listrischen» Rutschfläche).*

▲ **b** *Abrissnische eines oberflächlichen Hangrutsches im Moränengebiet der Voralpen (Foto: W. Wildi).*

▲ **Abbildung 6-31** *Rutschung Falli-Hölli (Plasselb, Freiburg). Das Dorf wurde 1994 durch die Reaktivierung eines alten Hangrutsches zerstört (© ETH-Bibliothek Zürich, Bildarchiv / Fotograf: Huber, Roger; Kobi, Hans / Dia_303-04835 / CC BY-SA 4.0).*

Exkursion

Hangrutsch im Val Canaria (Tessin)

Die Exkursion zum Hangrutsch von Gipsgestein im Val Canaria beginnt am Bahnhof Airolo. Erst geht der Aufstieg zur Dorfkirche. Dann folgt man dem regelmässig ansteigenden Weg nach Vigna, Cassina und Monte (Abb. 6-32 b). Auf dem letzten Abschnitt vor Monte verläuft der Weg durch stark bewegtes, langsam talwärts gleitendes Gelände. Die Ursache dieser Instabilität liegt am Berghang auf der gegenüberliegenden Talseite: Der Hangrutsch im weissen Gipsgestein hat den Fluss (die Canaria) an den nordwestlichen Berghang abgedrängt, wo er den Hangfuss erodiert. Auch die Häuser von Monte sind durch diese Bewegungen betroffen. Die Wanderung geht weiter nach Raètt und folgt sodann dem Strässchen ins Tal. Hier trifft der Wanderer auf den Hangrutsch im Gips. Der Fluss fliesst teilweise im Schutt der Rutschung und unterhält auf diese Weise die Rutschbewegung. Für die Rückkehr nach Airolo folgt man dem Talsträsschen.

Die Wanderung ist etwas länger als 7 km, mit einem Auf- und Abstieg von je 350 m Höhendifferenz.

a

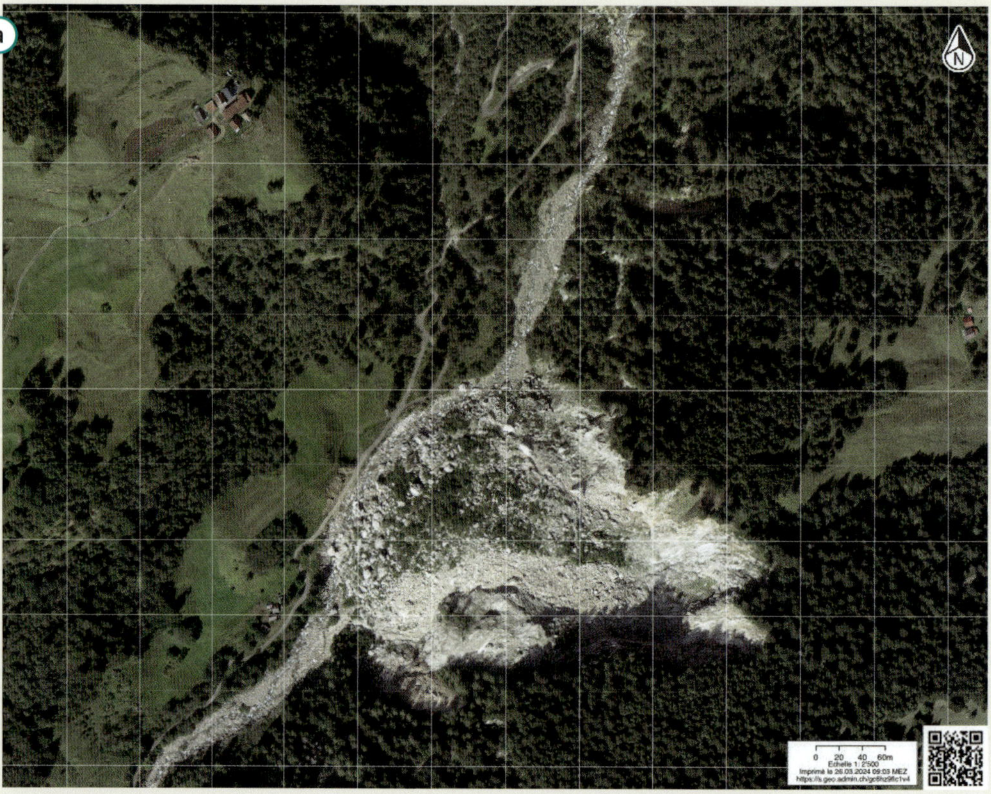

▲ **Abbildung 6-32 a** *Abrutschen eines Gips- und Anhydrithangs in der Val Canaria, mit Verlegung des Flusses zum Gegenhang und dessen Destabilisierung (Karte: © swisstopo).*

b

▲ b *Lösungstrichter (Doline) in der Gipsformation östlich Val Canaria, zwischen Lago di Tom und Lago di Cadagno. Die Rutschung im Val Canaria löste sich in dieser durch Karstlösung geschwächten Gesteinsformation.*

c

▲ c *Wanderkarte von Airolo zum Hangrutsch im Val Canaria (Karte: © swisstopo).*

Hangrutsch im Lugnez

Die linke Talflanke des Lugnez (Lumnezia) ist ein gewaltiger Rutschhang (vgl. Abb. 6-33, 6-34). Auf einer Fläche von über 30 km² bewegt sich der ganze Hang samt den Dörfern mit durchschnittlich 5 cm/Jahr hangabwärts (Abb. 6-34). Die Abrisskante ist der Grat Piz Mundaun–Stei–Piz Sezner. Das Geländemodell Abb. 6-33 manifestiert die durch die Rutschung bedingte unruhige Oberfläche. Zu beachten ist auch die steile Front am unteren Ende der Rutschung längs des Flusses Glenner/Glogn (Abb. 6-36 a).

Der Gesteinsuntergrund besteht aus einer tonreichen Sedimentschicht. Es ist eine ultrahelvetische, verkehrt gelagerte Abfolge von Lias (Stgir-Formation) und Dogger (Coroi-Formation), welche in tektonischem Kontakt auf das Gotthard-Kristallin überschoben wurde (Abb. 6-35). Der Überschiebungskontakt ist markiert von Trias-Sedimenten (Dolomit, Rauwacke und Tonschiefer), welche als Reste der Bedeckung des Gotthard-Kristallins anzusehen sind.

▲ **Abbildung 6-33** *Der Lugnezer Hangrutsch, wie er sich im Geländemodell ausdrückt (Geländemodell: © swisstopo).*

Die Gleitfläche der Rutschung liegt innerhalb der sogenannten Stgir-Formation. Diese besteht aus Kalkschiefer, Tonschiefer und Sandstein. Den eigentlichen Gleithorizont bilden höchstwahrscheinlich wassergesättigte Tonschiefer. Dabei ist zu beachten, dass der Gleithorizont nicht streng parallel zur Schichtung oder Schieferung der Gesteine verläuft. Vielmehr gibt es Orte, wo der Gleithorizont schräg durch die Schichten aufsteigt und an der Oberfläche zu lokalen Hebungen führt. Die Mächtigkeit der Rutschmasse wurde von Ziegler (1982) auf 130 Meter geschätzt, während

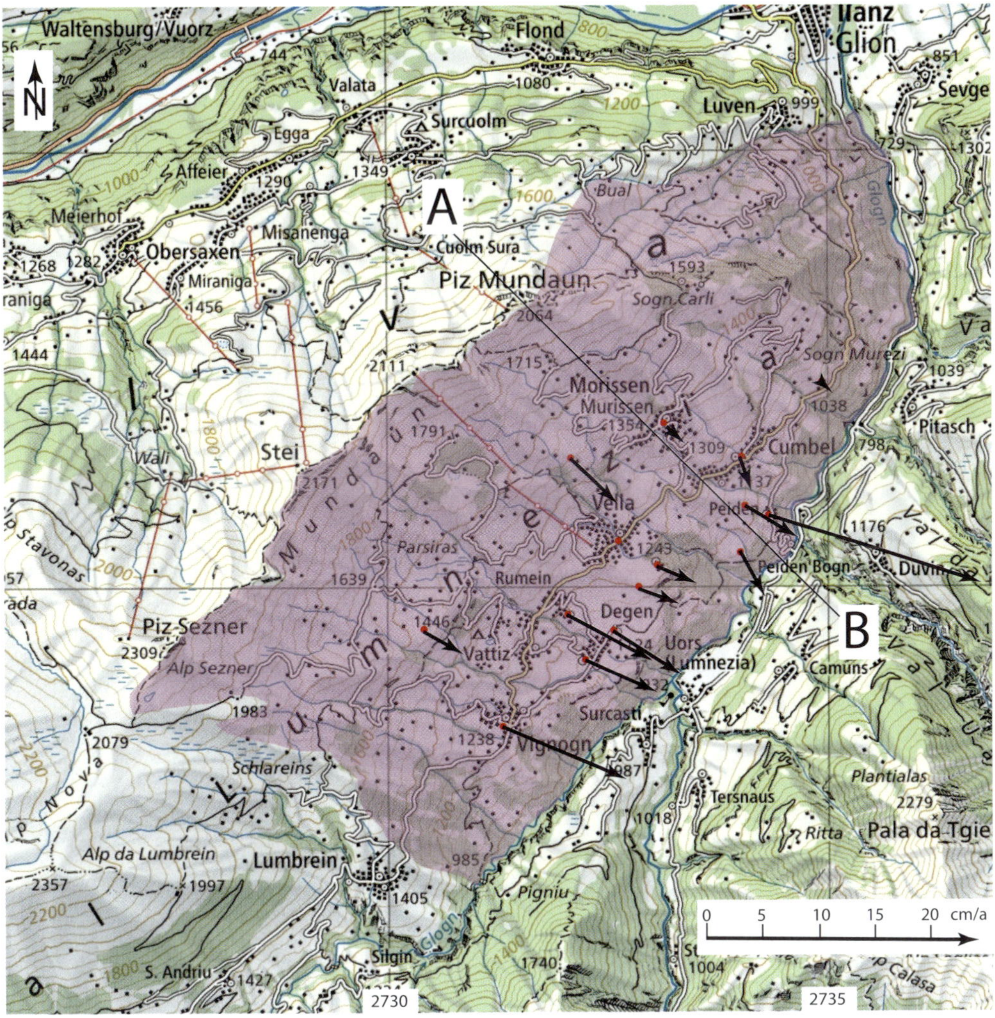

▲ **Abbildung 6-34** *Topografische Karte mit dem Umriss des Lugnezer Hangrutsches mit den Messpunkten und deren Bewegungsraten (nach Nabholz 1975/1976). A–B: Spur des Profilschnittes von Abb. 6-35 (Karte: © swisstopo).*

die Arbeiten von Nabholz (1975/76) und Lambert (1991) eher von 100 Metern ausgehen. Insgesamt ergibt sich ein Gesamtvolumen der Rutschmasse von über 3 km³.

Über die Geschwindigkeiten der Rutschung existieren Messungen seit 1877. Für eine Auswahl von Messpunkten ist die horizontale Geschwindigkeit in Abb. 6-34 angegeben (nach Nabholz 1975/1976). Generell gesehen sind diese im unteren Teil des Hangrutsches höher, mit einem Maximalwert von 28 cm/Jahr bei Peiden. Die Messpunkte bewegen sich teilweise in unterschiedlicher Richtung, was darauf deutet, dass die Rutschung aus unabhängigen Kompartimenten besteht. Die Vertikalbewegungen sind im Mittel etwa - 0,5 cm/Jahr (Senkung), variieren aber zwischen - 4,8 (Senkung) und + 0,3 (Hebung) cm/Jahr. Bei den Messpunkten, die sich hoben, muss die Gleitfläche hangabwärts durch die Schichten schräg aufsteigen. Im Profilschnitt von Abb. 6-35 sind solche Segmente oberhalb Morissen und Peiden erkennbar. Es ist auch davon auszugehen, dass die Gleitfläche stellenweise mehr als einen Gleithorizont umfasst und in Richtung Rutschung sowie quer dazu eine komplexere Geometrie besitzt, als im Profilschnitt skizziert.

Teile der Rutschmasse bewegten sich in der Vergangenheit in niederschlagsreichen Jahren rascher, andere nicht. Ein direkter Zusammenhang mit der Niederschlagsmenge ist also nicht gegeben. Mittels Drainagemassnahmen wurde ab 1944 versucht, die Rutschung zu verlangsamen; dies insbesondere rund um das Dorf Peiden, welches akut gefährdet war. Die Resultate waren enttäuschend, weil die Massnahmen nicht die eigentliche Gleitfläche, sondern nur oberflächennahe Schichten erfassten. Eine messbare Verlangsamung der Rutschgeschwindigkeit von 5,5 auf 4,5 cm/Jahr stellte sich nach Inbetriebnahme des Zervreila-Kraftwerkes im Jahre 1956 ein. Der Grund dafür ist, dass die Hochwasser wegfielen und die Abflussmenge des Glenner/Glogn auf etwa 40 % reduziert wur-

Exkursion

Exkursion zu den rutschenden Dörfern im Lugnez (GR)

Mit dem Postauto gelangt man von Ilanz/Glion nach Uors (Lumnezia). Von der Haltestelle aus geht man 100 m nach Norden und dann in zwei Kehren runter zum Rein da Vals (Abb. 6-36 b). Von dort steigt man 50 m nach der Brücke rechts ab zum Glenner/Glogn. Diese Brücke ist einzigartig: sie hat nur ein Fundament auf der Südseite des Glenners und hängt wie eine Hängebrücke über den Fluss. Das Nordufer des Flusses ist in Bewegung und schiebt sich laufend unter das ajustierbare Brückenende. Auf der linken Seite des Glenners sieht man die zerstückelten Schiefer und Sandsteine an der Basis der Lugnezer Rutschmasse. Nach dem Überqueren der Brücke sieht man auf der rechten Seite flussaufwärts die Sandsteine und Tonschiefer des anstehenden Felsens, auf welchem das Brückenfundament ruht.

Nach der Brücke erfolgt der Anstieg über die steile Front der Lugnezer Rutschung. Im Dorf Degen biegt man rechts ab Richtung Vella. Das flache Gelände vom Dorf bis zum Steilhang bei Cresta da Tgauns (der «Hundsrück») ist von einer dünnen Schicht von Gletschersedimenten (Till bzw. Moräne) bedeckt. An einem Bruch ist sie abge-

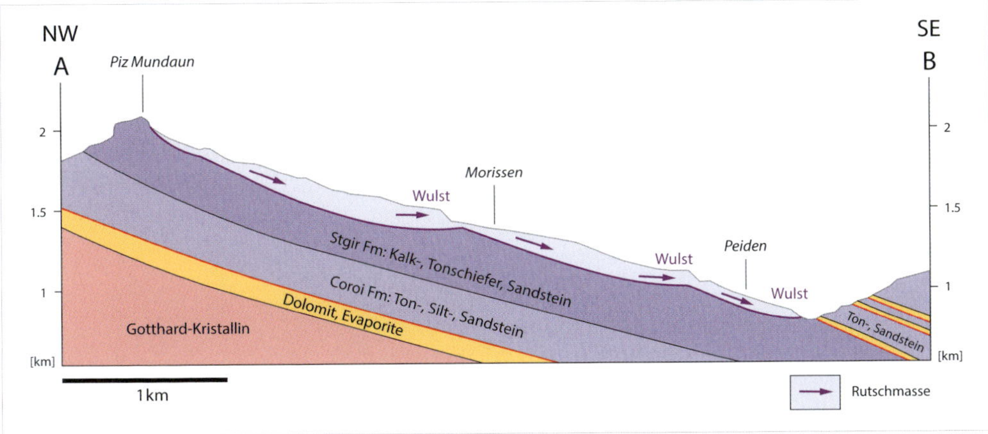

▲ **Abbildung 6-35** *Profilschnitt durch den Lugnezer Hangrutsch (umgezeichnet nach Nabholz 1975/76 und Lambert 1991). Spur siehe Abb. 6-34. Im Profilschnitt erkennt man die unregelmässige Gleitfläche.*

de. Dadurch wurde die Erosion am Fusse der Front der Rutschmasse reduziert. Die Pfarrkirche von Peiden bewegte sich in der Messperiode 1887–1989 um knapp 18 m in südöstlicher Richtung und senkte sich gleichzeitig um beinahe 4 m. Sie nahm dabei aber kaum Schaden. In anderen Fällen sind Häuser hangeinwärts gekippt. Um sie weiter bewohnbar zu machen, zog man neue Böden ein. Weil aber die Decken nicht entsprechend angepasst werden konnten, galt es nachher, in einer Hälfte des Raumes «den Kopf einzuziehen».

sackt. Der Abrissrand des versackten Geländes entspricht dem Steilhang von Cresta da Tgauns und zieht nach Sumsiaras und weiter Richtung Südwesten. Rechts des Weges im Aufstieg zu Cresta da Tgauns erkennt man in den Wiesen den Felsuntergrund mit Tonschiefern und Sandstein. Kurz vor dem Dorf Vella lohnt sich ein Abstecher runter zur Kirche von Pleif. Der Kirchturm wurde

▶ **Abbildung 6-36 a** *Foto der Front des Erdrutsches von Lugnez. Das Dorf Peiden liegt hoch über dem Fluss Glenner/Glogn (Foto: @ A. Lambert).*

um etwa 1100 n.Chr. gebaut und bewegt sich etwa 5 cm/Jahr in Richtung Südost (seit Beginn der Messungen 1887 mehr als 5 Meter). Von der Kante bei Punkt 1208 hat man einen schönen Ausblick auf die tief eingeschnittenen Seitentäler Val Uastg und Val da Pitasch des Glenner. Das Dorf Peiden links über dem Glenner bewegt sich heute mit 20 cm/Jahr. Seit Messbeginn hat es sich um etwa 20 m nach Südosten bewegt und um knapp 5 m abgesenkt.

Wanderung mit 3 km Distanz und 300 m Höhenaufstieg. Dauer: 2–3 Stunden.

b

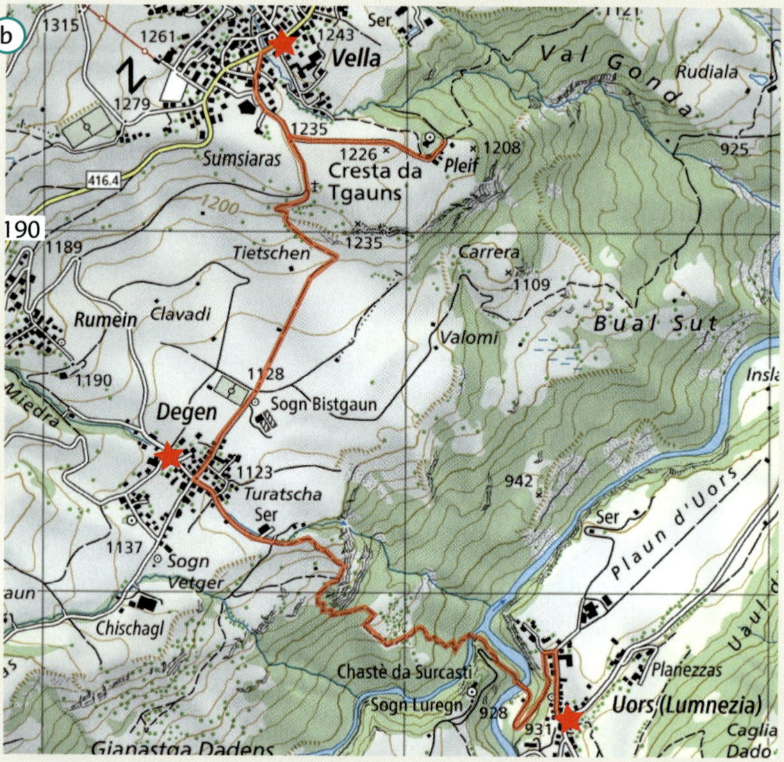

▲ **Abbildung 6-36 b** *Karte der Exkursion zum Erdrutsch von Lugnez (Karte: © swisstopo). Die Sterne markieren die Bushaltestellen.*

Felssturz und Sackung von Brinzauls/Brienz (GR)

In jüngster Zeit machte das Dorf **Brinzauls/Brienz** (GR) von sich reden. Das Dorf ist gleich zwei gravitativen Bewegungen ausgesetzt. Zum einen droht von oben ein Felssturz, zum anderen steht das Dorf auf einer tiefgründigen Sackung. In Abb. 6-37 und 6-38 sind Rutschmassen und Gleitflächen ersichtlich. Dank der laufenden Überwachung der Bewegungen konnte das Dorf kurz vor dem prognostizierten Felsabbruch evakuiert werden. Der Felssturz vom 16. Juni 2023 verschüttete die Kantonsstrasse meterhoch, blieb aber kurz vor den ersten Häusern stehen. Ende 2023 beweg-

◄ **Abbildung 6-37** *Felssturz und Sackung von Brinzauls/Brienz (GR). Das Foto zeigt gelb umrandet die Ausdehnung der Rutschmassen, inklusive des bereits 1878 abgerutschten Bereichs (Foto: © Ch. Nänni Tiefbauamt Graubünden).*

a

Abbildung 6-38
◄ **a** *Das Foto zeigt die Situation nach dem Abbruch am 16. Juni 2023 mit den Felssturzmassen, die beinahe das Dorf erreichten (Foto: © Ch. Nänni Tiefbauamt Graubünden).*
▼ **b** *Im Profilschnitt erkennt man den Tiefgang der Sackung (umgezeichnet nach Figi et al. 2022).*

b

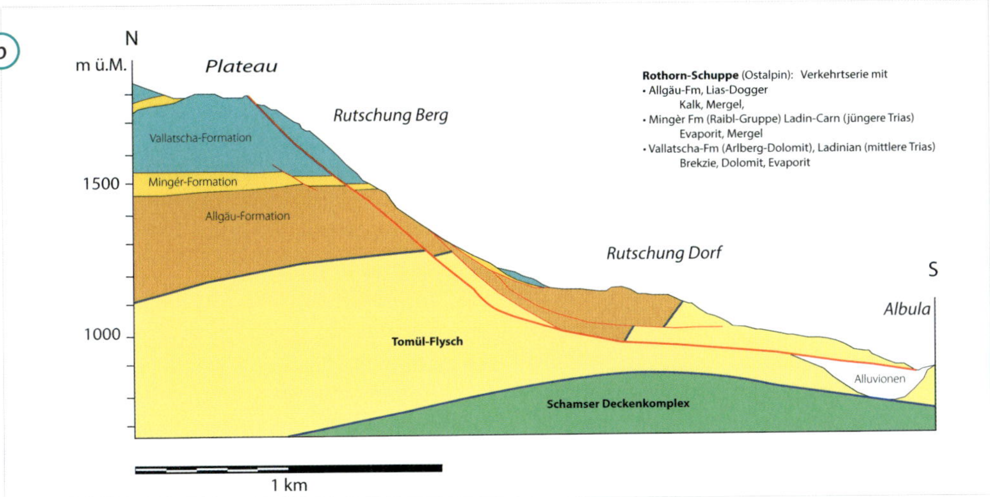

ten sich aber Teile der Gleitmasse noch immer mit einer Geschwindigkeit von mehreren Metern pro Jahr. Auch die tiefgründige Sackung, die das Dorf talwärts bewegt, ist mit 2 m/Jahr immer noch aktiv. Mithilfe einer Drainage der Gleitfläche versucht man gegenwärtig die Rutschung zu verlangsamen. Ausgehend von einem Stollen, der unter dem Dorf endet, wird mittels Horizontalbohrungen die Gleitfläche entwässert. Kritisch ist die Front der Rutschmasse, auf welcher das Trassee der Kantonsstrasse und der Rhätischen Bahn verlaufen. Beides sind für die Bevölkerung wichtige Verkehrsverbindungen und müssen laufend instandgestellt werden. Am 24. November 2024 wurde das Dorf (möglicherweise definitiv) zum zweiten Mal evakuiert.

Hangrutsche im Sernftal (GL)

Im glarnerischen Sernftal, einer Landschaft mitten im UNESCO-Welterbe *Tektonikarena Sardona*, sind mehrere Hangrutsche aktiv. Im Chrauchtal besteht der Felsuntergrund

Exkursion

Rutschung Chrauchtal (GL)

Von Matt (GL) Haltestelle Matt-Dorf oder Matt-Station mit der Seilbahn nach Weissenberge fahren. Von der Bergstation längs des Rundwegs geht es dann zum Waldibach und schliesslich zur Wirtschaft zum Weissenberg (vgl. Abb. 6-39 b). Ab hier zwei Möglichkeiten; eine kurze und eine lange Exkursion.

Kurzexkursion: Abstieg nach Osten, den Sulzrus queren und absteigen zur Talstrasse. Auf dieser Variante durchwandert man den westlichen Hangrutsch. Dieser ist im Osten durch den Sulzrus begrenzt.

Langexkursion: Aufstieg nach Nordosten längs des Rundwegs bis zum Pkt. 1360 (Weissenbödeli), abzweigen nach Osten durch den Sulzrus und dann Abstieg Richtung Bruch bis zur Talstrasse. Auf dieser Variante durchläuft man zuerst den westlichen und dann den östlichen Hangrutsch. Den östlichen Hangrutsch durchläuft man zwischen der Lokalität Chriesbaum und dem Teufrus (Pkt 1317).

In beiden Varianten geht man anschliessend längs der Talstrasse nach Matt zur Bushaltestelle Matt Bahnhof zurück.

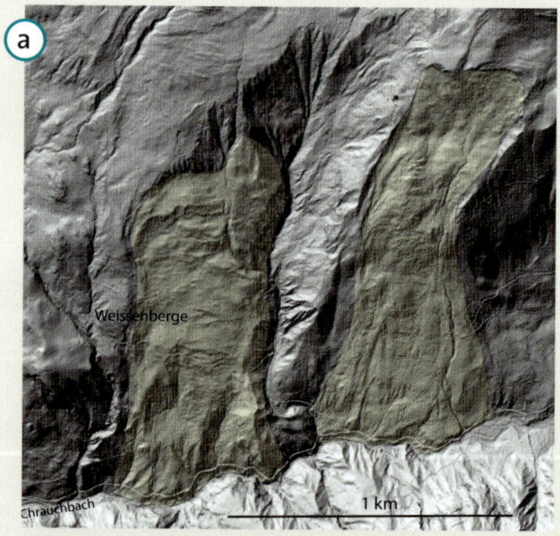

▲ **Abbildung 6-39 a** *Zwei aktive Hangrutsche im Nordhang des Chrauchtals (GL), sichtbar im Geländemodell (Geländemodell: @ swisstopo, ergänzt durch A. Pfiffner).*

Kurze Variante: 3 km Weg, 400 Höhenmeter Abstieg, 3 Stunden.

Lange Variante: 7 km Weg, 150 Höhenmeter Aufstieg, 550 Höhenmeter Abstieg, 5 Stunden.

dieser Rutsche aus tonreichen Gesteinen, sogenannten Flyschgesteinen. Schichtung und Schieferung in den Tonschiefern und Sandsteinen tauchen bevorzugt nach SSE ein und steuern die Richtung der Rutschungen. Dadurch ist im Chrauchtal der gesamte Nordhang in Bewegung, während auf dem Südhang das Oberflächenwasser in vielen Rinnen abfliesst. Im Geländemodell von Abb. 6-39 a erkennt man zwei grössere Hangrutsche, welche bis zum Chrauchbach hinunterreichen. Oberhalb der Abrisse sieht man unter dem Gulichopf und unterhalb des Chegelbodens Spalten und Nackentälchen, welche darauf hinweisen, dass der ganze Hang am Rutschen ist. Die Strasse nach Weissenberge wurde durch den westlichen der beiden aktiven Rutsche zerstört, sodass in aufwendiger Art ein neues Trassee erstellt werden musste (vgl. Abb. 40).

b

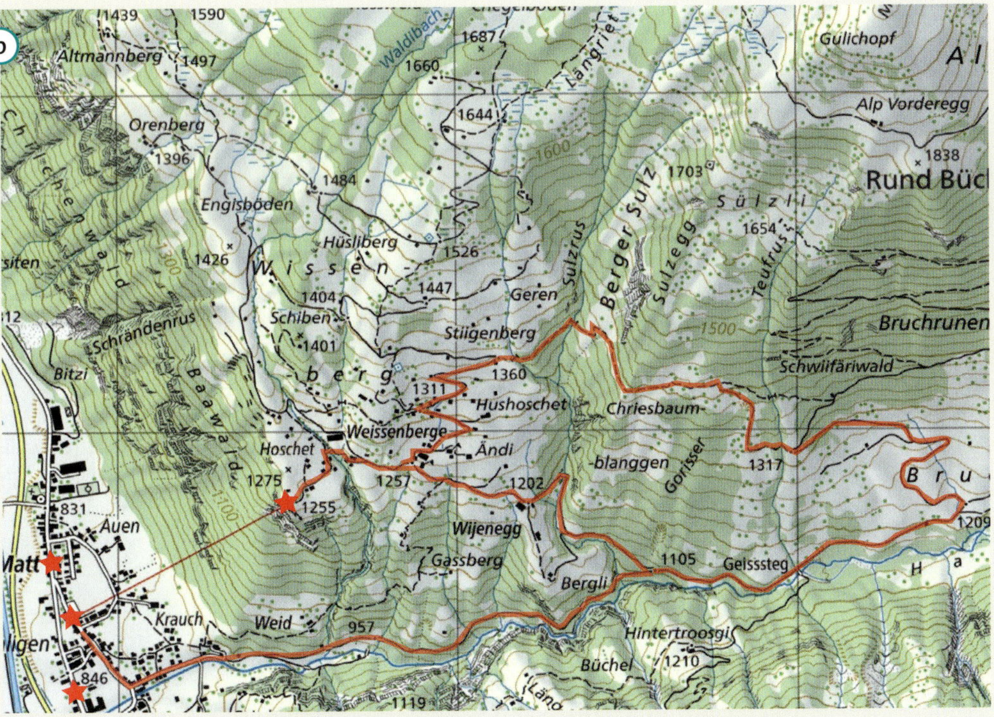

▲ **b** *Karte der Exkursion zu den Hangrutschen im Chrauchtal (Karte: © swisstopo). Sterne markieren Bushaltestellen und Seilbahnstationen.*

▲ **Abbildung 6-40** *Bauarbeiten am neuen Trassee der Strasse im Rutschgebiet unterhalb Weissenberge (@ Archiv Weissenberge). Über der Baustelle sind die Anrisse des nächsten Hangrutsches zu sehen.*

▼ **Abbildung 6-41** *Schuttstrom vom August 2023 in der Wagenrunse bei Grüt. Die unruhige Topografie in den Wiesen daneben deutet an, dass der gesamte Hang am Rutschen ist (Foto: @ Gemeinde Glarus Süd).*

Bei Schwanden, am Ausgang des Sernftals, sind die Hänge des Gigerhoren am Rutschen. Unmittelbar südlich des Dorfes, im Büelwald, hat der Abfluss des Oberflächenwassers tiefe Rinnen erodiert. Der Felsuntergrund besteht aus sogenanntem Verrucano, d.h. aus Brekzien, Sandsteinen und Tonschiefer. Infolge kräftiger Niederschläge ist in der Wagenrunse bei Grüt im August 2023 ein Schuttstrom aktiviert worden, welcher in Schwanden gewaltige Schäden anrichtete (Abb. 6-42). Etliche Häuser wurden zerstört, die Einwohner des Quartiers mussten evakuiert werden. Nach starken Niederschlägen ging im Dezember 2023 und Januar 2024 erneut eine Schlammlawine nieder und richtete weitere Schäden an.

▲ **Abbildung 6-42** *Zerstörungen im Dorf Schwanden im August 2023 (Foto: @ Gemeinde Glarus Süd).*

6.4 Murgänge

Murgänge sind eine breiartige Mischung aus Wasser und lockerem Gesteinsmaterial, das zum Beispiel schmelzende Gletscher zurückgelassen haben. Sie entstehen im Sommerhalbjahr, wenn dieses Gestein bei starken Regenfällen oder Schneeschmelze an steilen Hängen plötzlich in Bewegung gerät. Murgänge folgen bestehenden Wildbächen und graben sich sogar eine neue Rinne.

In Wellen wälzt sich das Gemisch bergab und kann dabei ein Tempo von 50 km/h erreichen. Ein Murgang enthält einen deutlich grösseren Anteil Steine als ein Hochwasser, aber im Vergleich zu einem Hangrutsch (in der Fachsprache Rutschung) einen höheren Wasseranteil. Murgänge können wegen ihrer Dichte sogar tonnenschwere Felsblöcke mitreissen. Darum sind sie so schnell und so gefährlich.

Murgänge können auf beiden Seiten ihrer Rinne Dämme («*Levees*») bilden und deponieren chaotische Sedimentablagerungen im freien Gelände. Abb. 6-43 zeigt einen schematischen Längsschnitt eines Murgangs.

Im Illgraben, bei der Ortschaft Susten (VS) können mehrmals pro Jahr Murgänge niedergehen (Abb. 6-44 a–d). Abb. 6-44 a zeigt den Erosionstrichter des Illgrabens nördlich des Illhorns, dem Ursprungsort der Schuttströme. Abb. 6-44 b illustriert ein Ereignis, Abb. 6-44 c zeigt die Wildbachrinne unter der Kantonsstrasse in Susten und Abb. 6-44 d dokumentiert die Ablagerung im Bett der Rhone.

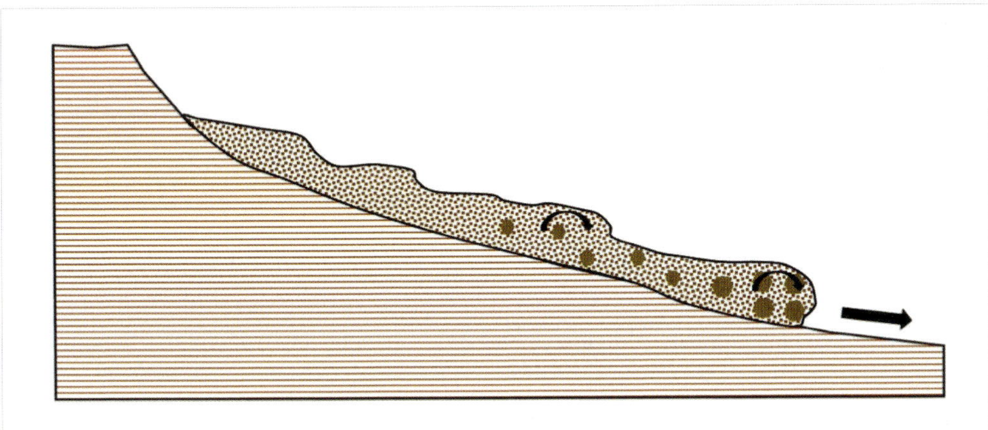

▲ **Abbildung 6-43** *Schema eines Murgangs mit turbulentem Fluss.*

Exkursion

Besuch am Illgraben

Von der Brücke der Kantonsstrasse am westlichen Eingang zum Dorf Susten (Abb. 6-44 e, Koord. 2’614'970/1’128’40) gewinnt man einen schönen Überblick über den Illgraben, vom Illhorn, über den Schuttkegel bis zur Rhone. Die oben beschriebenen Murgänge «donnern» jeweils unter der Strassenbrücke hindurch und ergiessen sich 100 m weiter in die Rhone. Die Wahrscheinlichkeit, einem solchen Ereignis beizuwohnen, ist klein.

a

▲ **Abbildung 6-44 a** *Erosionstrichter des Illgrabens am Illhorn; Schwemm- und Murgangkegel ob Susten, VS (Foto: W. Wildi).*

b

▲ **b** *Murgänge im Illgraben (Leuk, VS). Die Ausschnitte A–D zeigen den Frontbereich von granularen Murgängen im Gerinne auf dem Kegel des Illgrabens. Die Bilder stammen aus Videoaufnahmen der automatischen Murgang Beobachtungsstation der Eidg. Forschungsanstalt WSL (o.l. und u.r.) vom 5. Juni 2022 sowie aus einer von Hand gefilmten Aufnahme (o.r. und u.l.) eines Ereignisses am 28. Juli 2014 (© Lambert Zufferey, WSL)*

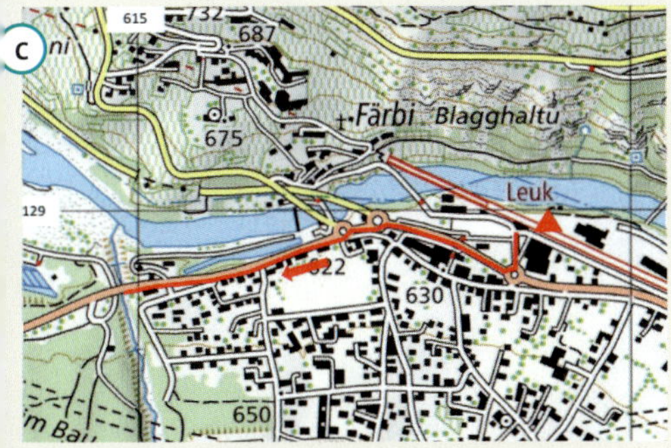

▲ **c** *Exkursionskarte von der Station Susten zum Illgraben (Karte: © swisstopo).*

▲ **d** *Ablagerung von Murgängen aus dem Illgraben im Flussbett der Rhone unterhalb von Susten (VS, Foto: W. Wildi).*

▲ **e:** *Wildbachrinne unter der Brücke der Kantonsstrasse in Susten (Leuk-Stadt VS) nach dem Durchgang eines Murganges (Foto: W. Wildi).*

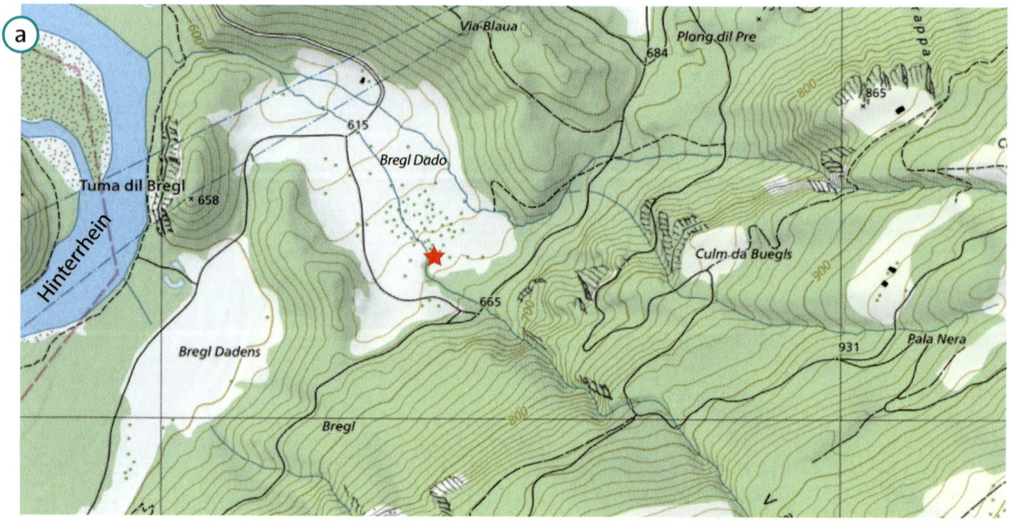

▲ **Abbildung 6-45 a** *Topografische Karte der Region nördlich Feldis/Veulden (GR) mit der steilen Rinne der Val da Treps. Der Stern markiert die Stelle des Blauring-Lagers, welches verschüttet wurde (Karte: © swisstopo).*

Gebiete mit einem Felsuntergrund aus leicht erodierbaren Gesteinen sind von Murgängen besonders gefährdet. Hierzu zählen Flyschgesteine und die mächtigen Abfolgen von Tonsteinen und Mergeln der «Bündnerschiefer» in den Kantonen Graubünden und Wallis. Zwei Beispiele aus Graubünden demonstrieren die Entwicklung von steilen Berghängen durch die Aktivität von Murgängen:

- Ein trauriges Ereignis fand am 24. Juli 1981 am tief eingeschnittenen Bach an der steilen Nordflanke des Dreibündenstein nördlich von Feldis/Veulden GR statt. Nach intensiven Regenfällen verschüttete ein Murgang aus der Val da Treps ein Blauring-Lager, wobei fünf Mädchen im Alter von 11 bis 13 Jahren und die 18-jährige Gruppenführerin den Tod fanden. Der Bach führte vor dem Niedergang des Murgangs kein Wasser. Dies könnte bedeuten, dass weiter oben in der Bachrinne mitgeschwemmtes Holz und Geröll den Bach vorübergehend gestaut hatte. Beim Ausbruch entwickelte sich dann ein Murgang. Dessen lautes Donnern alarmierte die Blauring-Mädchen, sodass sich die meisten in Sicherheit bringen konnten. Die Bachrinne Val da Treps verläuft, wie in Abbildung 6-45 a ersichtlich, geradlinig die Bergflanke runter mit einem mittleren Gefälle von 27.5°. Der Einschnitt ist zwar deutlich sichtbar, beträgt aber lediglich einige Meter.
- Das zweite Beispiel, Val Parghära, ebenfalls auf der Nordflanke des Dreibündensteins zwischen Chur und Domat/Ems (GR) gelegen, betrifft ein tief eingeschnittenes Seitental mit starkem Gefälle. Hier haben Murgänge über längere Zeit seit dem Abschmelzen der Gletscher vor 15000 Jahren am selben Ort bei der Einmündung in das Haupttal an Geschwindigkeit verloren, lagerten ihr Geschiebe ab und bauten den Schuttfächer Valpurchera auf (Abb. 6-45 b). Das

▲ b *Blick nach Süden auf den Schuttfächer Valpurchera. Im Vordergrund ein Dorfteil von Felsberg; das Auffangbecken ist unterhalb der Mitte der Aufnahme zu erkennen. Nach dem Austritt aus dem Kerbtal Valparghera flossen in geologischer Zeit die Muren mal nach West, mal nach Ost, und bauten so den breiten Schuttfächer auf (Foto: A. Pfiffner).*

Seitental Valparghera schickt auch heute noch bei grösseren Gewitterregen jeweils eine Mure runter. Deren Verlauf ist oben linear längs der Talachse, weitet sich unten aber aus und verläuft mal links, mal rechts auf dem Schuttfächer. Im April 2013 verschütteten die Geröllmassen die Kantonsstrasse und bedrohten das Trassee der Rhätischen Bahn und der Autobahn A13. Mit dem Bau von Leitdämmen und eines Auffangbeckens konnte die Situation beruhigt werden. Aber in regelmässigen Abständen muss das Auffangbecken geleert werden. Seit dem Abschmelzen der Gletscher der letzten Eiszeit baute sich der Schuttfächer soweit vor, dass er den Rhein an die linke Flanke des Haupttals verschob. Weitere ähnliche Schuttfächer sind rheinabwärts zwischen Chur und Maienfeld vorhanden. Auf ihren Südwest orientierten Hängen gedeihen die Trauben der bekannten Bündner Herrschäftler.

Derzeit ist eine der alpinen Zonen, in denen Murgänge entstehen, auch die Auftauzone des Permafrostbodens durch die Klimaerwärmung. Ferner sind Gebiete gefährdet, welche einen Felsuntergrund aus leicht erodierbaren Gesteinen aufweisen. Hierzu zählen Anhäufungen von Lockergestein, wie etwa glazialer Till (Moränenablagerungen). Durch Schneeschmelze und Niederschläge können diese Ansammlungen gesättigt und destabilisiert und schliesslich zu einer Mure werden. Schuttströme von Muren können sowohl die Infrastruktur als auch den Lebensraum bedrohen. Die Abbildungen 6-48 a-c zeigen die Schutzmassnahmen, die in **Zinal** (VS) ergriffen wurden, um das Dorf vor diesen Schuttströmen zu schützen.

Exkursion

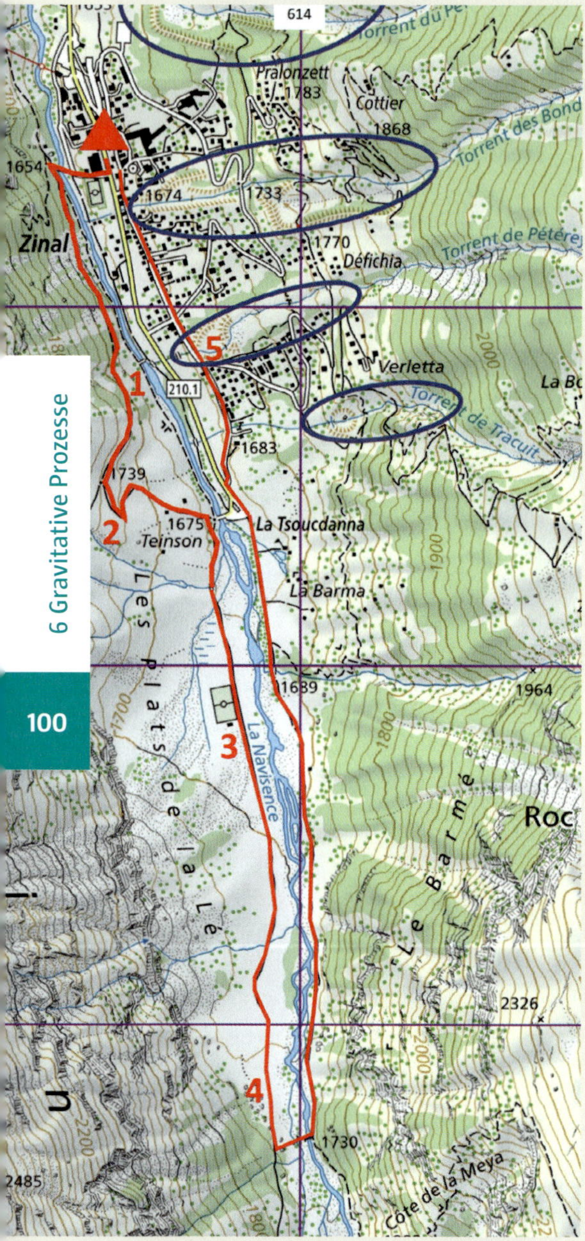

▲ **Abbildung 6-46** *Karte der Exkursion zu den Lawinen- und Murgangkegel und den Rückhaltebecken (in Blau) für Murgänge in Zinal (Karte: ©swisstopo).*

Lawinen und Murgänge in Zinal

Die Exkursion beginnt im Dorfzentrum von Zinal (VS) (Abb. 6-46): Man überquert zunächst den Fluss Naviscense und steigt auf der Westseite das Tal hoch. Vom Berghang gegenüber Zinal (Haltestelle 1) übersieht man die Rückhaltebecken für Murgänge, die das Dorf schützen. Nur der Ortskern befindet sich in einem Gebiet, das sowohl vor Muren als auch vor Lawinen natürlich geschützt ist (Abb. 6-48 a–c).

Folgt man dem Weg weiter, so gewinnt man einen schönen Ausblick auf die Lawinen- und Murenkegel am Fusse des Garda Bordon auf der westlichen Talseite (Haltestelle 2, Abb. 6-47). Der ausgedehnteste dieser Schuttkegel funktioniert im Winter als Lawinenkegel. Im Frühjahr und Sommer, während der Schneeschmelze und bei Sommergewittern, folgen die Murgänge. Der einstige Fussballplatz (Haltestelle 3) kann dann leicht überschwemmt werden (Haltestelle 3, Abb. 6-46).

Grosse Sturzblöcke, die mit verschiedenen Flechtenarten bedeckt sind, kann man bei Haltestelle 4 beobachten. Die fluorfarbene Flechte *Rhizocarpon geographicum* ermöglicht es, den Absturz der Blöcke zu datieren. Diese Flechte beginnt ihr Wachstum etwa 25 Jahre nach dem Fall eines Blocks. Ihre Wachstumsrate (Durchmesser) beträgt etwa ¼ Millimeter pro Jahr. Die hier (Koord. 2'614'966/1'128'843) sichtbaren Blöcke stammen von einem Ereignis, das vor etwa 50 Jahren stattfand.

Der Rückweg zum Dorf kann über das rechte Ufer des Flusses Naviscence erfolgen. Nach dem Weiler Tsoucdanna nimmt man die obere Strasse auf der rechten Talseite, um eines der Rückhaltebecken für Murgänge zu besichtigen (Abb. 6-48 a–c).

▲ **Abbildung 6-47** *Lawinen- und Murenkegel am Fuss des Garda Borda, im Tal oberhalb des Dorfes Zinal (Foto: W. Wildi).*

▲ **Abbildung 6-48 a–c** *Rückhaltebecken für Murgänge im Dorf Zinal (Wallis, Fotos: W. Wildi).*

6.5 Lawinen

In der komplexen Welt der Lawinen lassen sich vereinfachend drei Haupttypen unterscheiden (Abb. 6-49).

Staublawinen (Abb. 6-50)

Staublawinen sind die Rennwagen unter den Lawinen. Sie werden bis zu 300 km/h schnell. Eine Staublawine kann sich aus einer Schneebrettlawine entwickeln. Wenn diese einen langen Weg den Abhang hinab hat und dieser sehr steil ist, vermischt sich der aufgewirbelte Schnee mit Luft. Diese riesige Schneewolke fliesst zu Tal und die Druckwelle, die sie vor sich her schiebt, hat eine enorme Zerstörungskraft.

Zum Glück sind grosse Staublawinen relativ selten und haben somit für Schneesportler eine eher geringe Bedeutung. Diese Lawinen sind es allerdings, die in den Lawinenwintern 1951 und 1999 die grössten Zerstörungen in den Alpen angerichtet haben.

Kalte Schneeflocken sind leicht und bilden eine Schneedecke mit einer geringen Dichte von 50–150 kg/m^3. Es bedarf grosser Schneemengen, damit eine Lawine ausgelöst werden kann.

Schneebrettlawinen

Sie sind die typische Schneesportlerlawine. Das heisst, sie werden oft von Skifahrerinnen oder Snowboardern ausgelöst. Schneebrettlawinen gehen im Bruchteil von Sekunden los. An einer Kante im gut verfestigten Schnee (oben im Bild) löst sich das Schneebrett und gleitet meist auf einer darunterliegenden Schneeschicht hangabwärts. Typisch für Schneebretter ist die scharfe Anrisskante, welche mehr als einen Meter mächtig sein kann.

Schneebrettlawinen können Geschwindigkeiten von bis zu 80 km/h erreichen. Die Dichte der Schneebretter liegt oft bei 300 kg/m^3, während die Schichten, auf denen sie liegen, eher bei 100 kg/m^3 bleiben.

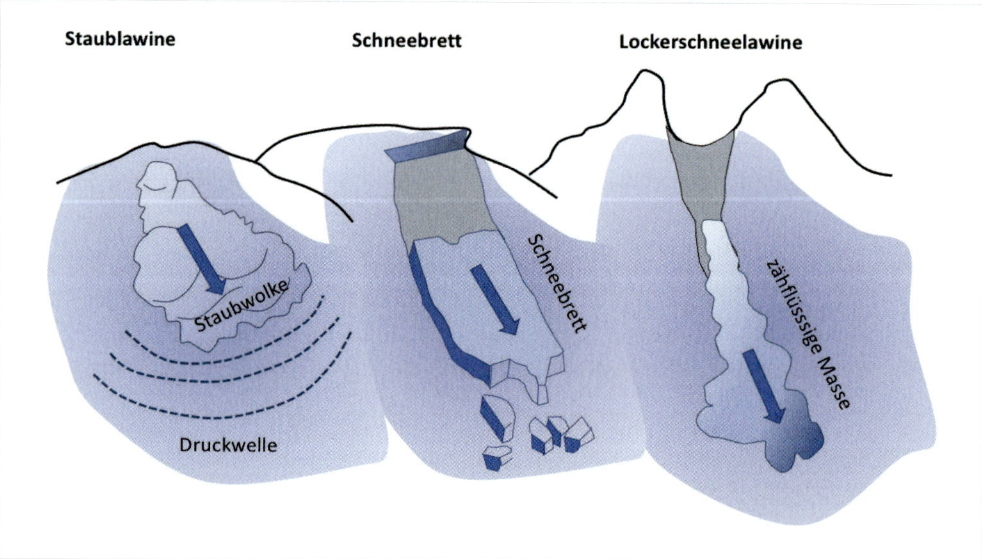

▲ **Abbildung 6-49** *Schematische Darstellung der drei wichtigsten Lawinentypen (vereinfacht nach* https://paysgrandbrianconnais.fr/girn/les-risques-naturels-en-montagne/titre-par-defaut*).*

▲ **Abbildung 6-50** *Staublawine an den Breithornzwillingen (© ETH-Bibliothek Zürich, Bildarchiv/ Fotograf: Huss, Matthias / Hs_1458-GK-B014-2006-0006 / CC BY-SA 4.0)*

Lockerschneelawinen

Lockerschneelawinen beginnen an einem Punkt und breiten sich von dort aus birnenförmig aus, indem der abrutschende Schnee immer mehr Schnee mitreisst. Lockerschneelawinen gehen oft während oder kurz nach einem Schneefall oder bei starker Erwärmung ab. Sie können sowohl in nassem als auch in trockenem Schnee entstehen. Lockerschneelawinen lösen sich oft spontan. Sie fordern weniger als 10 % der Lawinenopfer und diese oft im Sommer, wenn Bergsteiger im steilen Gelände mitgerissen werden und abstürzen. Löst ein Schneesportler eine Lockerschneelawine aus, so wird er normalerweise nicht verschüttet, weil sie unter ihm abgeht.

Lockerschneelawinen können viel festes Material mit sich führen: abgerissene Böden, Steine, Bäume und Sträucher. In ihrem Ablagerungsgebiet bilden sich daher Kegel mit typischer Morphologie, die sich gut an die Hänge anlehnen. Da diese Böden nur wenig durchlässig sind, fliessen die Bäche in den Lawinenzügen oberflächlich ab und versickern nur wenig (Abb. 6-47). In der warmen Jahreszeit können Lawinenrinnen auch von Murgängen befahren werden.

Lawinen sind in der Schweiz heute die häufigste Todesursache durch Naturereignisse (Tabelle 2-1). Obwohl jeder Winter eine Reihe von Ereignissen mit sich bringt, sind es vor allem die extremen Winter, die sich in das kollektive Gedächtnis eingeprägt haben, wie zum Beispiel der Lawinenwinter 1950–51, dem «schrecklichen Winter», der 265 Menschen in der Schweiz, Österreich und Italien das Leben kostete; sodann der Winter 1966–67 (Abb. 6-51 a) und der «schreckliche» Winter 1999, mit vielen Verschütteten in der Schweiz (Abb. 6-51 b), Frankreich, Österreich und in geringerem Masse auch in Italien (Fauchère 2002).

Abbildung 6-51
▲ **a** *Lawinenwinter 1966/67, Davos,*
© ETH-Bibliothek Zürich, Bildarchiv / Fotograf: unbekannt / Dia_292-4682 / CC BY-SA 4.0).
► **b** *21. Februar 1999, Lawinen in Evolène (Wallis), Avalanche de la Confraric*
(© Jean-Pierre Quinodoz, Les Haudères, in A. Fauchère 2002).

In der Schweiz überwacht das *Institut für Schnee- und Lawinenforschung* (SLF) die Schneedecke und erstellt die Lawinenbulletins mit einer Prognose zur Lawinengefahr. Die durch das Institut publizierte Statistik (https://www.slf.ch/de/lawinen/unfaelle-und-lawinen/langjaehrige-statistiken) weist für die Periode von 1936 bis 2023 ein Mittel von 23 Lawinentoten pro Jahr aus. Dies verstärkt die Aussagen von Badoux et al. (2016).

Exkursion

Besuch am WSL-Institut für Schnee-und Lawinenforschung SLF in Davos

Das WSL-Institut für Schnee- und Lawinenforschung in Davos offeriert öffentliche und Gruppenführungen (mit Kostenbeitrag): https://www.slf.ch/de/ueber-das-slf/fuehrungen.

Exkursionsführer können über folgende Adresse bestellt werden: https://www.slf.ch/de/ueber-das-slf/fuehrungen/exkursionsfuehrer-schnee-und-eis.

7 Hochwasser, Übersc und Seespiegelschwa

7.1 Hochwasser

Die Wasserführung von Bächen, Flüssen und Strömen ändert sich ständig in Relation zu Niederschlägen, Schneeschmelze und Bodenfrost/-tauwetter. In den Alpen und in ihrem Vorland können Hochwasserereignisse und Überschwemmungen während der Schneeschmelze im Frühling, bei Gewittern, Schnee- und Eisschmelze in höheren Lagen im Sommer sowie anlässlich von intensiven Herbstregen auftreten. Für alpine Flüsse ist die Niedrigwasserperiode schlechthin der Winter, wenn die Böden gefroren oder mit Schnee bedeckt sind. Im Schweizer Mittelland und im Jura herrscht Trockenheit eher im Sommer und im Frühherbst.

▲ **Abbildung 7-1** *Überschwemmung der Rhone-Ebene 1948 (© Charles Paris, Médiathèque Valais – Martigny).*

Die Intensität von Hochwasserereignissen wird durch ihre Periodizität beschrieben: Man spricht von einem zehnjährigen, hundertjährigen oder tausendjährigen Hochwasser, je nach der Wahrscheinlichkeit des Auftretens des Ereignisses. Die aktuellen Daten und Informationen zu den Hochwasserständen der wichtigsten Flüsse und Seen in der Schweiz findet man unter https://www.hydrodaten.admin.ch/de/aktuelle-lage. In einer Zusammenstellung veröffentlicht die Zeitung *Le Temps* vom 3. August 2014 eine Liste denkwürdiger Hochwasser, die sich in den letzten Jahrzehnten ereignet haben:

- *«1987 Nach einem sehr regenreichen Frühling gehen am 18. und 19. Juli im Tessin und in Graubünden und am 24. und 25. August in der Gotthardregion sintflutartige Regenfälle nieder.*
- *1993 Die starken Niederschläge vom 22., 23. und 24. September treffen Brig, das Saastal und den Lago Maggiore.*
- *1999 Am 12. Mai führen starke Niederschläge in Verbindung mit der Schneeschmelze zu Überschwemmungen. Die Unterstadt von Bern (die «Matte») steht unter Wasser.*
- *2000 Im Oktober werden das Rhonetal und das Tessin überflutet. Ein Drittel des Dorfes Gondo wird durch Hangrutsche zerstört.*

▲ **Abbildung 7-2** *Überschwemmung der Rhoneebene bei Saillon (Wallis) im Oktober 2000 (Foto: © Kanton Wallis).*

- *2005 Die himmlischen Schleusen öffnen sich vom 19. bis 22. August. Aare, Reuss, Engelberger Aa, Brienzer-, Thuner- und Bielersee treten über die Ufer. Strassen und Eisenbahnlinien werden unterbrochen.*
- *2007 Neue Hochwasser zwischen dem 9. und 12. August. Aare, Bieler- und Sempachersee treten über die Ufer.*
- *2013 Am 29. Juli entladen eine Kaltfront und Gewitter grosse Wassermengen über dem Mittelland und dem Wallis.»*

Diese Aufzählung ist sicher nicht vollständig. Sie zeigt aber, dass Hochwasser jederzeit und fast überall eine mögliche Bedrohung darstellen.

«Unwetter 1987»

Bibliographie: Zeller, J. & Röthlisberger, G. 1988: Unwetterschäden in der Schweiz im Jahr 1987. Wasser, Energie, Luft 1980,1/2, 29-42.

Die Autoren (Zeller & Röthlisberger 1988) beschreiben das Ereignis wie folgt:

Im Jahr 1987 wurde die Schweiz von einer Reihe sehr schwerer Gewitter heimgesucht. Sie forderten acht Todesopfer und verursachten Schäden in der Rekordhöhe von 1200 bis 1300 Millionen Franken.

Nach einem besonders langen Winter und einem kalten und feuchten Frühsommer war der Sommer von schweren Stürmen geprägt. Nachdem sie fast zehn Jahre lang verschont geblieben waren, wurden mehrere Täler der Zentralalpen von den katastrophalen Gewittern im Juli und August in Mitleidenschaft gezogen. Das Strassennetz, sowohl die Nord-Süd- als auch die Ost-West-Achse, ist an vielen Stellen unterbrochen. Am stärksten betroffen sind die Urner Reussebene und das Urserental auf der Alpennordseite (ca. 550 Millionen Franken Schaden) (Abb. 7-3), das Val Bedretto und die Leventina sowie das Val di Blenio und das Val di Bavona auf der Alpensüdseite, wo sich die Schäden auf ca. 220 Millionen Franken belaufen. In Graubünden sind die schlimmsten Schäden im Puschlav und im Bündner Oberland zu verzeichnen (ca. 180 Millionen Franken)...

◄ **Abbildung 7-3** *Murgänge (helle Flächen), infolge des Unwetters, auf beiden Seiten des Urserentals im Jahr 1987. Im Vordergrund das Dorf Realp (UR). (Foto: @ VBS).*

Saltinen-Hochwasser und Überschwemmung von Brig im September 1993

Nach tagelangen heftigen Regenfällen in der Simplonregion vom 22. bis 25. September 1993 trat die durch die Stadt fliessende Saltinen über die Ufer, überschwemmte mit metertiefen Wassermassen die Strassen im Stadtzentrum von Brig und das Bahnhofsviertel und ertränkte Autos und Eisenbahnwaggons unter einer dicken Schicht aus Schlamm und Geröll. Dieses Extremereignis, das glücklicherweise keine Opfer forderte, hinterliess einen tiefen Eindruck im lokalen Gedächtnis (Abb. 7-4, Kunz & Rey 1995).

Das Jahrhunderthochwasser 2005

Im August 2005 setzte sich ein Tiefdruckgebiet über Genua (Norditalien) fest, wodurch sich die Wasserhähne über den Zentral- und Ostschweizer Alpen öffneten. Vom 19. bis 22. August stiegen die Flüsse eindrucksvoll an und überschwemmten die Schwemmebenen der Alpentäler in der Zentralschweiz und im Schweizer Mittelland (Abb. 7-5).

▲ **Abbildung 7-4 a, b** *Schuttmassen in den Strassen von Brig nach der Überschwemmung durch die Saltina im September 1993 (Foto: @ R. Loat, Planat,* https://www.planat.ch/de/bilder-videos-detail/hochwasser-brig-1993*).*

▲ **Abbildung 7-5** *Hochwasser, August 2005, Überflutung des Tals der Engelberger Aa. Im Hintergrund das Dorf Schwybergen (NW). (Foto: @VBS).*

Zahlreiche Verkehrswege wurden beschädigt und entweder durch die Erosion der Flüsse oder durch Murgänge überflutet. In mehreren Einzugsgebieten, darunter im Reuss- und im Linth-Limmattal, handelte es sich um ein Jahrhunderthochwasser (UVEK 2008). Im Urserental handelte es sich praktisch um eine Wiederholung der bereits 1987 erlebten Situation (Abb. 7-5).

Jahrhunderthochwasser der Arve, Mai 2015, November 2023

Im oberen Arve-Tal erreichten die Niederschläge am 1. Mai 2015 90 bis 150 Liter Wasser pro Quadratmeter. Zu diesen aussergewöhnlichen Regenfällen kam noch die Schneeschmelze im Frühjahr hinzu. Die Auswirkungen dieses massiven Wasserzuflusses waren im unteren Teil des Flusses – wo sich die Zuflüsse aller Nebenflüsse des Einzugsgebietes summieren – am deutlichsten. So erlebte Genf innerhalb von drei Tagen drei aufeinanderfolgende Hochwasser, von denen das grösste am Samstagmorgen, dem 2. Mai 2015, seinen Höhepunkt erreichte und einen Abfluss von 900 m^3/s erreichte – fast das Zwölffache des üblichen Abflusses der Arve zu dieser Jahreszeit!

Übertroffen wurde dieses Hochwasser bereits acht Jahre später. Am 15. November 2023 stieg der Abfluss der Arve nach einer Periode von Starkregen, Schneefall und Schneeschmelze in den Alpen kurzfristig

▲ **Abbildung 7-6** *Hochwasser der Arve (rechts im Bild) vom 15. November 2023 mit einem Abfluss von etwas mehr als 1000 m³/s beim Zusammenfluss mit der Rhone (links im Bild) unterhalb Genf (Foto: W. Wildi).*

auf 1010 m³/s an, ohne dass es zu grösseren Schäden gekommen wäre (Abb. 7-6).

Starkregen und Hochwasser Juni 2024

Ende Juni 2024 wiesen Meteorologen auf eine aufkommende gefährliche meteorologische Situation hin (NZZ 1.07.24, modifiziert):

Ein kleines Tiefdruckgebiet über Spanien zog langsam Richtung Mitteleuropa. Das Tief verstärkte sich, was bedeutete, dass der Luftdruck sankt. Auf der Vorderseite des Tiefs wurde warme und feuchte Luft vom Mittelmeer angesaugt. In dieser Luftmasse bildeten sich auf der Alpensüdseite immer wieder kräftige Schauer und Gewitter. Sie stauten sich an den Bergen. Weil sich das Tief so langsam bewegte und die Windrichtung über längere Zeit die gleiche blieb, lösten sich diese Gewitter nicht rasch auf, sondern regenerierten sich an Ort und Stelle über Stunden hinweg immer wieder.

Am 23. Juni 2024 gingen in Graubünden und im Wallis heftige Gewitter nieder, welche viele Bäche und Flüsse anschwellen liessen. Im Misox fielen innerhalb 24 Stunden 120 l Regen pro Quadratmeter – eine 12 cm dicke Wasserschicht auf bereits wassergesättigten Boden. Zwei Ereignisse betrafen die Gemeinde Lostallo (GR). Im Norden des Dorfes verursachte eine Schlamm- und Steinlawine eines von Osten zufliessenden Wildbaches im Talboden einen Schuttfächer, welche den Hauptfluss, die Moesa, nach Westen an die A13 drängte. Die Moesa schnitt sich dabei seitlich in das Autobahntrassee ein und zerstörte die Strasse über eine Länge von 200 m (vgl. Abb. 7-7 a). Die Sperrung der A13 beeinträchtigte den Nord-Süd-Verkehr durch die Alpen beträchtlich.

Südlich von Lostallo ergoss sich eine Steinlawine durch den Weiler Sorte und zerstörte mehrere Häuser (vgl. Abb. 7-7 b). Drei Personen kamen dabei ums Leben. Die Steinlawi-

Abbildung 7-7

▲ **a** *Der von links (Osten) zufliessende Wildbach baute einen Schuttfächer auf, welcher die Moesa ablenkte und an die Autobahn A13 verlegte. Sie unterspülte anschliessend die A13 und zerstörte einen Abschnitt, was kurzzeitig die Nord-Süd-Verbindung durch die Alpen massiv beeinträchtigte. (Foto: AFP 20Minuten).*
b *Die durch die Steinlawine zerstörte Siedlung Sorte (Foto: 20Minuten).*

ne wurde vom Rià de la Molera ausgelöst, welcher von der Westflanke des Misox zufliesst. Dieser Wildbach hat unten im Talboden einen Schuttfächer aufgebaut, auf welchem die Siedlung Sorte gebaut wurde. Wie im Geländemodell von Abb. 7-7 c ersichtlich ist, liegt im eng eingeschnittenen steilen Flusslauf eine Ansammlung von vielen zum Teil sehr grossen Gesteinsblöcken vor. Durch die abfliessenden Wassermengen gerieten diese Geröllmassen zusehends in Bewegung. Unten, im flachen Teil, wo der Wildbach bisher eine scharfe Umbiegung Richtung Nordosten machte, stauten sich die Geröllmassen, verliessen das bisher aktive Bachbett und ergossen sich geradlinig durch die Siedlung. Dadurch konnte das im bisher aktiven Bachbett angelegte Auffangbecken seine Schutzwirkung gar nicht entfalten.

Gleichentags wurde Zermatt nach einem ersten heftigen Gewitter, verbunden mit ausgiebiger Schneeschmelze, von der Umwelt abgeschnitten. Über 200 Personen mussten evakuiert werden.

Ein zweites Grossereignis war in der Nacht vom 29. zum 30. Juni 2024 zu verzeichnen. Diesmal waren die Kantone Tessin und Wallis betroffen. Im Tessin fielen im Maggiatal innerhalb von 24 Stunden 200 l Regen pro Quadratmeter, also eine Wasserschicht von 20 cm auf den ohnehin schon wassergesättigten Boden. Die Wassermenge der Maggia schwoll daraufhin von den üblichen 25 m^3/s auf 2000 m^3/s an. Hierbei ist zu bemerken, dass die Wasserführung der Maggia auch durch das Ablassen von Wasser aus den Stauseen im Oberlauf der Zuflüsse beeinflusst wird. Bei starken Niederschlägen müssen die Seen teilweise entleert werden, um Dammbrüche zu vermeiden.

Der Kanton Tessin wurde in der Vergangenheit immer wieder von Überschwemmungen heimgesucht, wie die nachfolgende (nicht abschliessende) Zusammenstellung zeigt:

- 1513 staute ein Bergsturz bei Biasca einen See. Dessen Ausbruch 1515, der «Buzza di Biasca», verursachte riesige Schäden in Bellinzona und in der Magadinoebene (Abb. 7-8).
- 1898 Der obere Teil von Airolo wurde durch eine Steinlawine zerstört (3 Todesopfer).
- 1924 Ein Teil von Someo (Maggiatal) wurde durch einen Erdrutsch zerstört.
- 1950 Ein massiver Erdrutsch erfolgte in Campo Vallemaggia.
- 1978 Locarno wurde von der Maggia überschwemmt (7 Todesopfer).

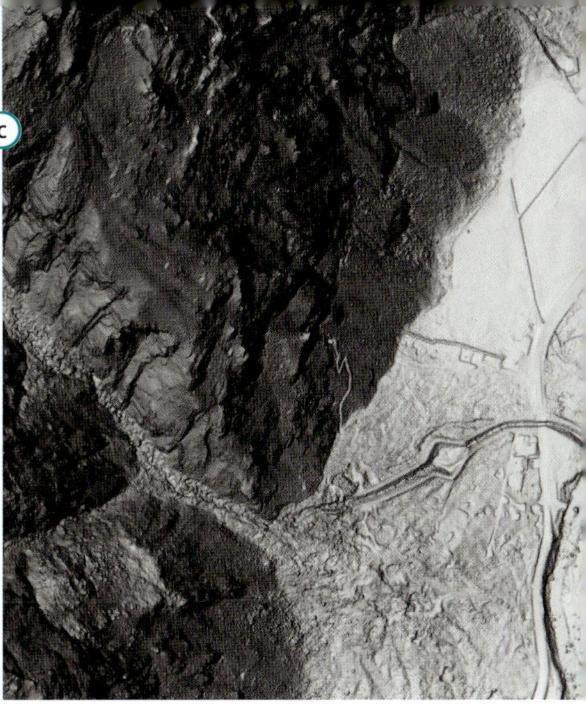

▲ **c** *Digitales Höhenmodell eines Ausschnitts des Wildbaches Rià de la Molera NW von Sorte. Im steil eingeschnittenen Tal erkennt man eine Ansammlung von grösseren Gesteinsblöcken. Das Auffangbecken liegt im unteren nördlichen Teil des Schuttfächers. (Karte: Geländemodell swisstopo).*

▲ **Abbildung 7-8** *Der «Buzza di Biasca» nach Stumpf 1548.*

Am 30. Juni 2024 zerstörte die angeschwollene Maggia die Strassenbrücke Visoletto bei Cevio, wodurch das obere Maggiatal und sämtliche Seitentäler vom Verkehr vollständig abgeschnitten waren (Abb. 7-9 a). Die grossen Wassermassen unterspülten einen der Pfeiler der Brücke, worauf diese einstürzte. Als Folge davon mussten Rettungsleute für die weiter Tal aufwärts gelegenen Dörfer per Helikopter eingeflogen werden. Der kurzzeitig erfolgte Unterbruch des Strom- und Mobilfunknetzes wirkten sich zusätzlich erschwerend aus.

Im oberen Maggiatal wurden Häuser in Mogno (Val Lavizzara) und Rustici in Fontana (Val Bavona) zerstört (vgl. Abb. 7-9 b, c). In Fontana wurden durch das abfliessende Wasser Schlamm und Steine mobilisiert und bewegten sich als Geröllawine talabwärts. Dabei wurden Blöcke von bis mehreren Metern Grösse bewegt. Fünf Menschen verloren das Leben. Auch wenn Gerölllawinen generell den vorhandenen Bachbetten folgen, können lokale Stauungen entstehen, wobei die Geröllmasssen dann einen anderen, völlig unvorhersehbaren Weg nehmen.

Im Wallis waren insbesondere mehrere Seitentäler des Rhonetals wie auch das Haupttal vom Goms bis zur Rhonemündung in den Genfersee betroffen. Besonders zu Schaden kam etwa das Dorf Saas Grund, welches unter den Schuttmassen geradezu versank (siehe Abb. 7-10 a) Eine Person kam in Saas-Grund, eine zweite im Binntal ums Leben. Die Rhone trat an mehreren Stellen über die Ufer, so etwa zwischen Raron

◄ **Abbildung 7-9** *Verwüstungen im Maggiatal (TI).* **a** *Die durch die Maggia zerstörte Strassenbrücke Visoletto bei Cevio. (Foto: KEYSTONE/Jean-Christophe Bott).* **b, c** *Zerstörte Häuser und Rustici in Mogno (Val Lavizzara) und Fontana (Val Bavona). (Fotos: KEYSTONE/Samuel Golay).*

▶ **Abbildung 7-10** *Verwüstungen im Wallis.*
a *Eindruck der Zerstörung durch den Schuttstrom in Saas-Grund (Foto: KEYSTONE/Jean-Christophe Bott)*
b *Das überflutete Industriegebiet und die unterbrochene Autobahn und Bahnlinie bei der Mündung der Navizence in die Rhone bei Chippis (Foto: KEYSTONE/Jean-Christophe Bott).*

und Gampel, bei Leuk und zwischen Chippis und Siders. Namentlich bei Chippis, bei der Einmündung der Navizence in die Rhone, wurden die Industriequartiere der Alluminium-Industrie, aber auch die Autobahn und die Bahnlinie überflutet (Abb. 7-10 b). Mehrere Kläranlagen wurden durch die Wassermassen ausser Betrieb gesetzt.

Nach der 2. Korrektur der Rhone, bei welcher der Fluss in einen Kanal verlegt wurde, stand lange Zeit eine 3. Korrektur in Diskussion. Bei dieser sollte der Rhone wieder mehr Platz zum kontrollierten Fluten gegeben werden. Damit dies umgesetzt werden kann, müsste aber landwirtschaftliches Gelände aufgegeben und umgenutzt werden. Gegen die 3. Korrektur regte sich daher heftiger Widerstand, weshalb das Projekt sistiert worden ist. Die Situation illustriert die Interessensabwägungen zwischen Hochwasserschutz und Landwirtschaft; ein Konflikt, der viele Regionen in der Schweiz aufgrund der immer dichteren Besiedlung betrifft. Tendenziell werden immer wieder Gebäude und Infrastrukturen in gefährdeten Zonen gebaut, und diese Zonen wachsen infolge der Klimaerwärmung.

Zeugen der Hochwasser

Viele Schwemmebenen in den alpinen Tälern, im Mittelland (Abb. 7-3, 7-5) und dem Jura entsprechen dem Niveau von Jahrhunderthochwassern und waren während Jahrtausenden von Flussarmen durchzogen. Bei jedem Hochwasser wurde auf diesen Ebenen eine Sedimentschicht abgelagert. Die Begradigung der Flüsse und ihre Eindeichung seit dem 18. Jahrhundert hat zwar zu mehr Anbauflächen geführt, Überschwemmungen, insbesondere nach Deichbrüchen, aber nicht verunmöglicht. Man kann diese Schwemmebenen daher als Zeugen von Jahrhunderthochwassern betrachten. Seit dem Bau von Staudämmen und vor allem der alpinen Stauseen, die unter anderem einen Grossteil des Schmelzwassers im Frühjahr zurückhalten, sind die Hochwasser allerdings deutlich zurückgegangen.

Exkursion

Erosion und Sedimentation der Arve

Die Arve ist ein alpiner Wildbach: In ihrem ganzen Lauf – von ihrer Quelle bei Chamonix, bis zum Zusammenfluss mit der Rhone – wird sie durch keine Verbauung und durch keinen Stausee gehemmt. Sie reagiert damit sehr rasch auf Niederschläge und Schneeschmelze im ganzen Einzugsgebiet, vom Gipfel des Mont Blanc (Höhe: 4809 m ü. M.) bis ins Genfer Becken.

Ausgehend von der Busstation «Bout du Monde» (Bus N° 7) führt die kurze Wanderung erst an die stark erodierte Böschung der Arve auf der Höhe des Sportplatzes von Vessy und sodann auf die einem Delta gleichenden «Point Bar» und ihren Kies- und Sandablagerungen, auf der Höhe der Grundwasseranreicherungsanlage (Abbildung 7-11 a). Sowohl die Erosion als auch die Sedimentation sind typisch für geschlungene (mäandrierende) Flussläufe. Allerdings verlaufen die Mäander hier nicht frei, wie in einer Flussebene. Sie werden der Arve durch die aus der Zeit der letzten Vereisung hinterlassenen Geländeformen auferlegt.

Dauer der Exkursion: ca. 1 Stunde.

7.2 Dürreperioden

Grosse Dürren treten in unregelmässigen Abständen und unvorhersehbar auf, und stehen in keinem erkennbaren Zusammenhang mit dem Klimawandel. In Westeuropa hängen sie hauptsächlich von der Luftdruckverteilung über dem Nordatlantik ab, insbesondere von der Lage des Azorenhochs, welches afrikanische Luftmassen aus dem Süden aufsteigen lässt. Das Historische Lexikon der Schweiz erwähnt (Schorer 2012, https://hls-dhs-dss.ch/fr/articles/007778/2012-06-11):

▲ **Abbildung 7-12 a–d** *Trockenheit 1921:* **a** *Pegelstand des Genfersees im März 1921, Pierres du Niton und Port de Genève, (La Patrie Suisse no 717, 16 mars 1921, S. 66–67).*
b *«La barque échouée sur la grève», Chillon (La Patrie Suisse no 719, S. 91).*

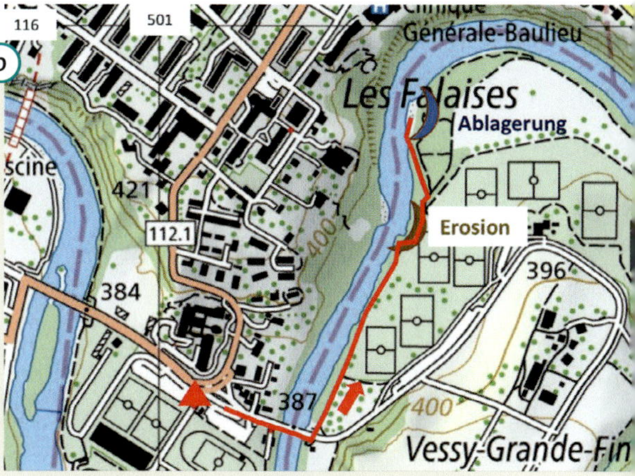

▲ Abbildung 7-11

a *Hochwasser überfluten einerseits die Flussterrassen und Talböden (vgl. Abb. 7-2 und 7-5) und lagern dabei Feinsedimente ab. Andererseits sind sie auch verantwortlich für intensive Erosion, namentlich der Flussrinnen und ihrer Böschungen. Die obige Abbildung zeugt von der intensiven Erosion der Böschungen entlang der Arve bei Genf, anlässlich der Hochwasser der Jahre 2015 und 2023 (vgl. hierzu auch Abb. 7-6).*

b *Wanderkarte zur erodierten Böschung der Arve und der Ablagerungszone auf der «Point Bar» von Vessy (Karte: @swisstopo).*

Seit dem Ende des 19. Jahrhunderts traten in den Jahren 1893, 1904, 1911, 1921, 1934, 1945, 1947, 1949, 1950, 1952, 1959, 1976, 1983 und 2003 intensive Sommerdürren auf. Der Frühling 1843, der Sommer 1947 (der als «Jahrhundertsommer» bezeichnet wurde) sowie die Jahre 1949 und 1976 verursachten die grössten Verwüstungen.

Eine extreme Trockenheit prägte die Schweiz in den Jahren 1920/21, und führte zu einer dramatischen Absenkung der Seespiegel und Flüsse (Abb. 7-12 a–d).

c *Pfahlbausiedlung von Faoug (Murtensee, La Patrie Suisse no 720, 27 avril 1921, S. 102–103).*

d *Arve und Rhone, vereint zwischen dem Bois de la Bâtie und den Klippen von St Jean, Genf (La Patrie Suisse no 717, 16 mars 1921, S. 68–69).*

▲ **Abbildung 7-13** *Die Landschaft der Bucht von Genf während eines Tiefstandes des Genfersees in der späten Bronzezeit um 1000 v. Chr. Der Wald bedeckte den grössten Teil der Gegend, mit einer Vorherrschaft der Eichen, Nussbäume und Buchen. In den waldfreien Zonen breiteten sich Weiden aus, während die überschwemmten Ufer von Schilf bewachsen waren (@ Corboud dans Wildi et al. 2019; Zeichnung: Y. Raymond).*

7.3 Seespiegelschwankungen

Die Becken der Seen in den Alpentälern und im Schweizer Mittelland wurden während der Eiszeiten durch die erosive Wirkung der Gletscher und den subglazialen Abfluss von Schmelzwasser ausgeräumt. Der heutige Pegelstand der Seen wird durch das Substrat (Fels oder Moräne) am Seeauslauf sowie durch den Wasserhaushalt bestimmt. Die Schwankungen der Seespiegel während des Holozäns haben entweder unter oder über den heutigen Niveaus in der Landschaft sichtbare Spuren hinterlassen. Doch was waren die Ursachen für diese Schwankungen?

Hohe Seepegel, die zu Überschwemmungen führen können, werden regelmässig aus den Seen südlich der Alpen, insbesondere dem Lago Maggiore, nach starken Niederschlägen und Schneeschmelzperioden gemeldet. Der Abfluss dieses Sees wird am Ausfluss in die Poebene durch den geringen Abflussgradienten geprägt. Dasselbe Phänomen lässt sich auch nördlich der Alpen beobachten, z. B. am Ausfluss des Thunersees, der drei Juraseen (Neuenburger-, Murten- und Bielersee) sowie des Vierwaldstättersees in Luzern. Ein hoher Seepegel während der Römerzeit, der mit der

Stauung der Rhone unterhalb des Genfersees infolge des Einsturzes der Felswände von St. Jean (Genf) zusammenhängt, wird als Erklärung für die hohen Pegelstände in der Nacheiszeit angeführt.

Die Tiefstände sind durch archäologische Funde belegt (Abb. 7-12, 7-13, Wildi et al. 2019):

Während relativer Trockenperioden sinkt der Seespiegel um mindestens zwei bis drei Meter unter das heutige mittlere Niveau. Die Bauern der Jungsteinzeit oder der Bronzezeit nutzten die vom Wasser freigegebenen Uferflächen, um ihre Dörfer zu bauen und näher an den See heranzukommen. Saisonale Pegelanstiege und Stürme machten den Bau von Wellenbrecher Palisaden erforderlich, um die Häuser auf der Seeseite zu schützen, und von erhöhten Böden, um sie trocken zu halten.

Bei Tiefständen erodierten die zufliessenden Gewässer Abflussrinnen in den trockenliegenden Uferpartien, welche heute namentlich mithilfe von hochauflösender Reflexionsseismik lokalisiert werden können (Fuchs, 2008).

Pfahlbaustationen sind in praktisch allen perialpinen Seen der Schweiz bekannt, vom Genfersee im Westen bis zum Bodensee im Osten. Geht man davon aus, dass die Bildung von Seemist in einer terrestrischen und nicht in einer seeartigen Umgebung tatsächlich stattgefunden hat, muss man lange Perioden trockenen Klimas mit einem erheblichen Wassermangel postulieren, und zwar mindestens seit dem mittleren Neolithikum vor 4000 Jahren bis zur Spätbronzezeit vor 3000 Jahren. In dieser Zeit waren die perialpinen Seen zeitweise von ihren Abflüssen entkoppelt und bildeten kleine «Binnenmeere».

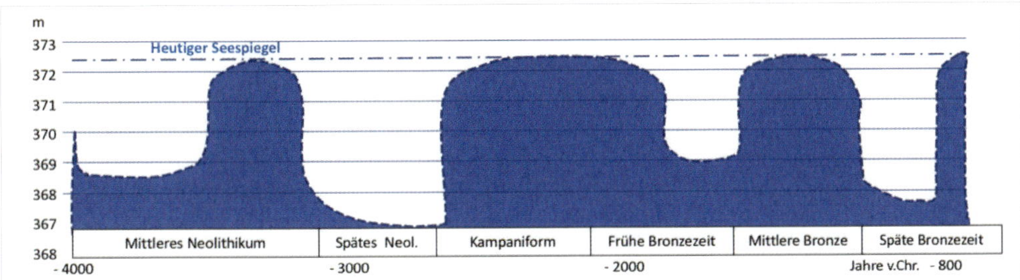

▲ **Abbildung 7-14** *Spiegelschwankungen des Genfersees über die regionalen archäologischen Perioden (vereinfacht nach Corboud 2012, Wildi et al. 2019).*

Exkursion

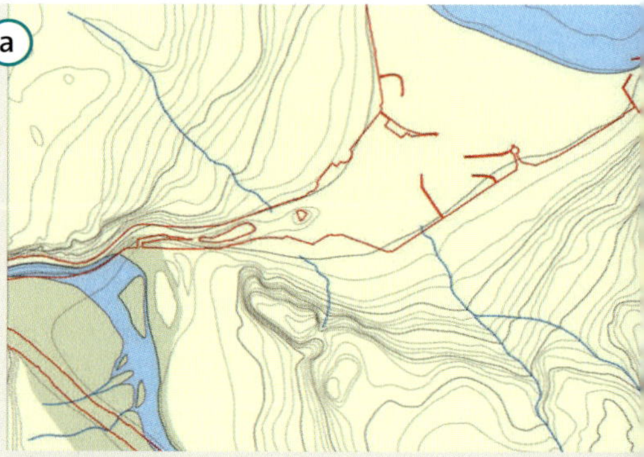

▲ **Abbildung 7-15**
a *Die Rade de Genève (Genfer Seebucht) während eines niedrigen Seespiegels, bei 368 bis 369 m, was 3–4 m unter dem heutigen Spiegel entspricht (rote Linien: Heutiges Seeufer). Den prähistorischen Menschen stand eine weite Fläche aus Sand und Lehm zur Verfügung, auf der sie ihre Dörfer errichten konnten. Die Rhone floss nicht mehr aus dem See aus, und die Arve nahm unterhalb Genf das alte Rhonebett für sich in Anspruch.*

Tiefstände des Genfersees und Pfahlbau-Siedlungen in der Seebucht von Genf («Rade de Genève»)

Die Reste der Pfahlbauten aus der Zeit des Neolithikums finden sich heute meist in Wassertiefen von 2–3 Metern. Diese Zonen lagen zu Zeiten von tiefem Seespiegel trocken. Die Exkursion führt um die «Rade de Genève» (Seebucht von Genf) herum. Sie bezeichnet und kommentiert die Standorte der Siedlungen und den Kontext, in welchem diese gebaut wurden.

Exkursion: Seeufer beim Restaurant Perle du Lac, am rechten Seeufer. Blick in Richtung des Leuchtturms Les Pâquis: Wir befinden uns in einer guten Position, um uns die Wasserfläche der Bucht als weites

Seit dem 19. Jahrhundert wurden in der Schweiz zahlreiche Flüsse umgeleitet. Durch diese Sanierungen konnten die grossen Wassermengen der Flüsse und die Wasserstände der Seen besser kontrolliert werden. Die erste grosse Korrektur betraf die Umleitung der Kander in den Thunersee in den Jahren 1711–1714, danach der Linth in den Walensee (1807–1822). Diese Arbeiten führten auch zur Trockenlegung des Landes und zur Ausrottung der Malaria. Anlässlich der Juragewässerkorrektion (Neuenburger-, Murten- und Bielersee, 1868–1891) wurde auch das Bett der Aare umgeleitet, die nun in den Bielersee mündet.

Tsunamis in Seen

Unter einem **Tsunami** versteht man eine *durch Erd– oder Seebeben sowie große submarine Rutschungen ausgelöste Schockwelle des Meeres, die sich vom Ursprungsgebiet mit Geschwindigkeiten bis weit über 500 km/h ausbreitet und noch an entlegenen Küsten als eine oder mehrere Riesenwellen von extremer Höhe mit entsprechender Zerstörungskraft auftrifft.* (Lexikon der Geografie).

Der erste in der Literatur überlieferte Tsunami in einem Schweizer See war der Tsunami, der sich nach einem gewaltigen Hangrutsch im Jahr 563 n. Chr. in Tauredunum im Rhonetal oberhalb des Genfersees ereignete. Dieser Hangrutsch soll den Ort Tauredunum verschüttet und die durch das Ereignis im See ausgelöste Welle soll die Ufer verwüstet und die Befestigungsanlagen der Stadt Genf am anderen Ende des Gewässers mit einer 8 m hohen Welle überrollt haben (Abb. 7-16).

Tsunamis haben sich in der Vergangenheit auch im Vierwaldstättersee ereignet. Das letzte dieser Ereignisse wurde am

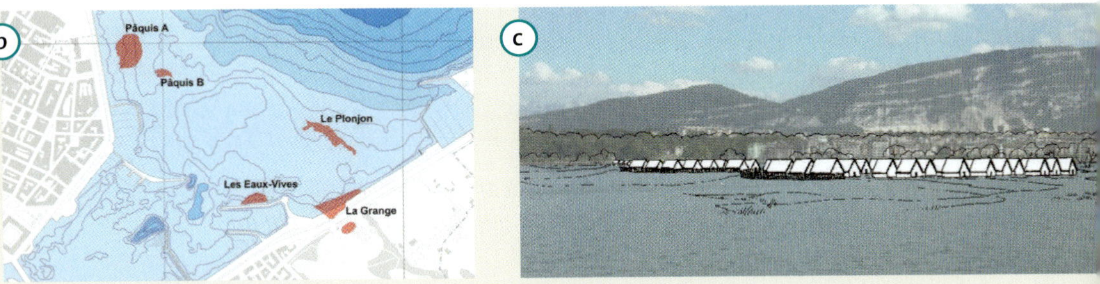

b *Lokalisierung der fünf Pfahlbaudörfer in der heutigen Bucht von Genf, die zwischen 4000 und 850 v. Chr. besiedelt waren (@ Corboud in Wildi et al. 2019.)*
c *Rekonstruktion der Küstendörfer in der heutigen Genfer Seebucht während der späten Bronzezeit, um 1000 v. Chr., Landschaft vom Parc Mon-Repos aus gesehen (Zeichnung Yves Reymond (@ Corboud in Wildi et al. 2019).*

Gelände aus Sand und Lehm vorzustellen, von Weidenbüschen bewachsen. Das ist die Landschaft, auf die die Bewohner in der Jungsteinzeit oder der Bronzezeit während der niedrigen Wasserstände des Genfersees blickten. Der See lag 3–4 m tiefer als der heutige Wasserstand (Abb. 7-15 a, b, c). Die in der Nähe des Aussichtspunktes liegenden Dörfer A und B (Abb. 7-15 b) waren während der späten Bronzezeit zwischen 1067 und 960 v. Chr. besiedelt.

Ein Rundgang um die Bucht lohnt sich, um das Bild der Landschaft zur Zeit der Tiefstände des Genfersees als «Binnenmeer» zu vervollständigen.

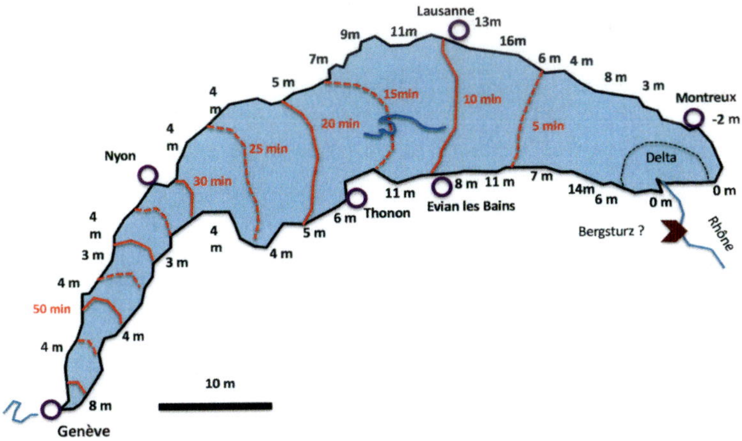

18. September 1601 nach einem Erdbeben der Stärke 5,9 registriert, welches eine 8 m hohe Welle auslöste und 8 Menschen das Leben kostete (Hilbe & Anselmetti, 2015). Damals wurde infolge der durch den Tsunami verursachten Seespiegelschwankungen das Flussbett der Reuss am Seeausgang vorübergehend trockengelegt.

Abbildung 7-16: *Ergebnisse einer Simulation des Tsunamis von 563, der am Genfersee durch den Tauredunum-Bergsturz im Rhonedelta bei Villeneuve ausgelöst wurde. Die Ankunftszeit (in Minuten) der ersten Tsunami-Welle ist rot markiert, die Höhe der Welle (in Metern) ist in Zahlen entlang des Seeufers angegeben (vereinfacht nach Kremer et al. 2015).*

8 Rückschau und Zusammenfassung

Das Bild der Extremereignisse und Naturkatastrophen, die sich in den letzten Jahrzehnten und Jahrhunderten in der Schweiz ereignet haben, ist verbunden mit der Topografie und der geografischen Lage des Landes im Zentrum Westeuropas: Es wird von Prozessen dominiert, die mit dem alpinen Relief zusammenhängen. Extreme Ereignisse sind in erster Linie auf gravitative Prozesse zurückzuführen: Bergstürze, Felsstürze, Hangrutsche, Murgänge und Lawinen (Abb. 8-1). Hinzu kommen Hochwasser und Überschwemmungen, verursacht durch Unwetter, Schneeschmelze und Tauwetter und schliesslich Erdbeben, die im Zusammenhang mit der noch andauernden Alpenbildung stehen.

Wenn man die Anzahl der Opfer als Kriterium für die Schwere dieser Ereignisse betrachtet (Tab. 2-1), so sind die Lawinen über die Jahre hinweg auf Platz 1. Aber täuschen wir uns nicht: Das Ereignis, das wir am meisten fürchten müssen, ist ein schweres Erdbeben, das ein grosses städtisches Zentrum trifft. Wenn man die aktuelle Seismizität berücksichtigt, wie sie täglich vom Schweizerischen Erdbebendienst (SED) beobachtet wird, denkt man natürlich zuerst an die Gefährdung der Stadt und Region Basel sowie an das Wallis mit den Städten Sion und Siders. Diese Sichtweise wird jedoch durch eine Studie des SED relativiert, in der ein reales Risiko für alle grossen Städte – Basel, Genf, Zürich, Luzern und Bern – erwähnt wird, mit einer Schätzung der materiellen Schäden und der Verluste an Menschenleben (http://www.seismo.ethz.ch/export/sites/sedsite/knowledge/.galleries/pdf_brochures/ERM-CH23_Flyer_v5_FR_fin_WEB. pdf_2063069264.pdf).

Die meisten Wetter- und Klimaereignisse treten zu einer bestimmten Jahreszeit und in einer bestimmten Region, in einem oder mehreren Einzugsgebieten und einer begrenzten Anzahl von Flüssen auf. Es gibt jedoch auch Ausnahmen: Die Dürre von 1921 betraf sowohl den Genfersee als auch den Bodensee, und das «miese» Jahr 1978 betraf die ganze Schweiz.

Der aufmerksame Leser, die aufmerksame Leserin wird sich sicherlich die Frage stellen, ob sich die erwähnten Ereignisse wiederholen oder sogar zyklisch auftreten können. Abb. 8-1a und b geben Hinweise auf Antworten zu diesen Fragen und auf die historische Entwicklung im Allgemeinen: Zyklen können über die betrachtete Zeitspanne keine festgestellt werden. Alle grossen Ereignisse scheinen, abgesehen von ihrer eventuellen Verbindung mit Jahreszeiten, zeitlich mehr oder weniger zufällig aufzutreten.

Was bei der Analyse von Abb. 8-1 auffällt, ist die Bedeutung der Perioden, in denen Seen unter das Niveau ihres Abflusses abgesenkt waren und Binnenseen bzw. abflusslose Senken bilden konnten. Die Ursache für diese Tiefstände ist wohl in Wasserdefiziten aufgrund geringer Niederschläge zu suchen.

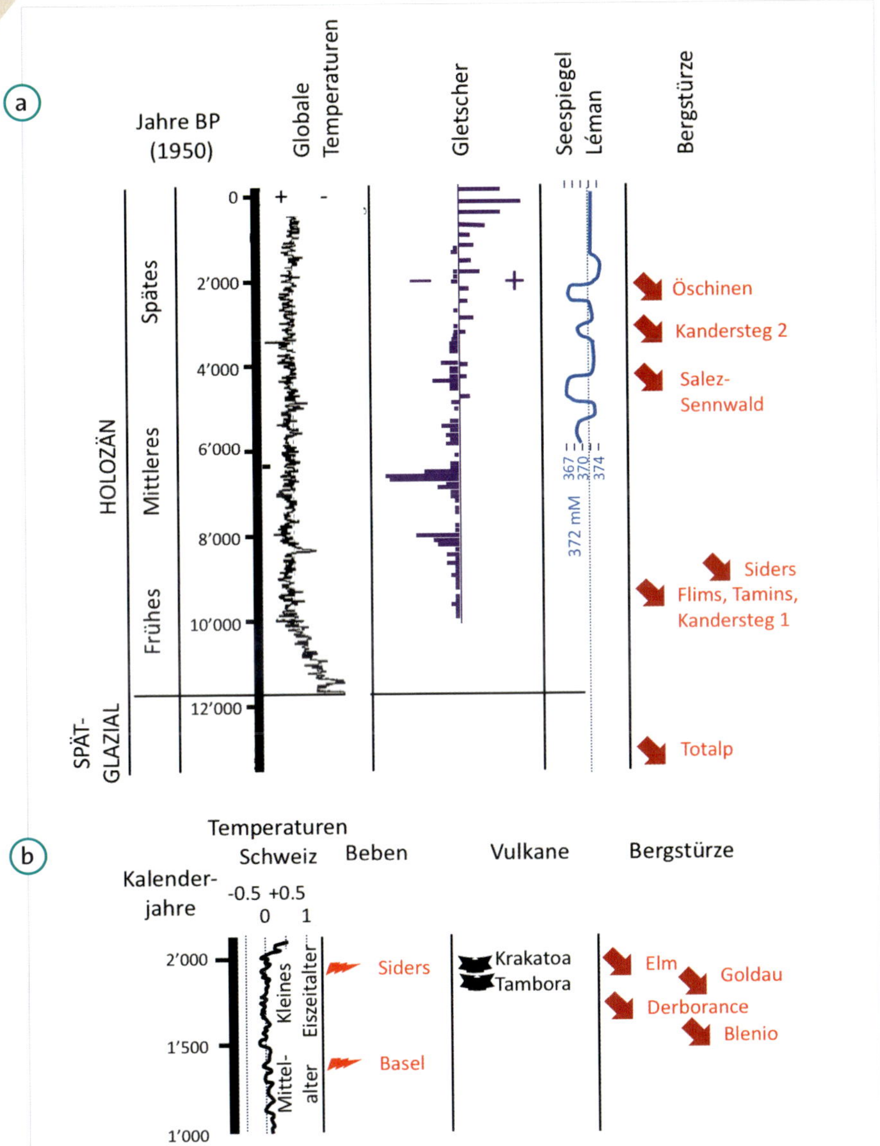

▲ **Abbildung 8-1 a** *Ereignisse im Holozän. Zeitskala BP: Jahre vor 1950.* **b** *Ereignisse der letzten 1000 Jahre. Zeitskala: Kalenderjahre. Globale Temperatur: https://fr.wikipedia.org/wiki/Holoc%C3%A8ne#/media/Fichier:Holocene_Temperature_Variations.png . Gletscherstände: Nicolussi et al. 2014. Seespiegelschwankungen: Wildi et al. 2019. Vulkane und Bergstürze: A. Pfiffner.*

Lange Zeit vermuteten die Geologen den Gletscherrückgang am Ende der letzten Eiszeit als direkten Verursacher der grossen Bergstürze. Mit zunehmendem Fortschritt der Datierungsmethoden stellte sich jedoch heraus, dass der Zusammenhang zwischen den beiden Phänomenen nicht so offensichtlich ist (Abb. 5-1, 8-1 a, b).

In den letzten 500 Jahren kam es zu mehreren grossen Bergstürzen (Abb. 5-1, 8-1 b), die Menschenleben forderten (Derborence, Goldau, Elm). Ähnliche Ereignisse könnten sich auch in Zukunft wiederholen, mit dem Unterschied, dass die heute verfügbaren Überwachungssysteme helfen, viele Opfer zu vermeiden. Nur der Bergsturz von Elm wurde durch menschliche Aktivitäten ausgelöst, nämlich durch die unsachgemässe Ausbeutung einer Schiefermine.

Bei Dürren, Hochwassern, Hangrutschen, Murgängen und Lawinen, aber auch bei Felsstürzen, ist der Zusammenhang mit der Meteorologie offensichtlich. Bei Murgängen erkennt man aufgrund der ansteigenden Permafrostgrenze auch einen direkten Zusammenhang zum Klima. Frost und Tauwetter, die mit dem Eindringen von Wasser verbunden sind, destabilisieren den Fels und fördern dessen Zerfall. Von all diesen Ereignissen zeigen nur Dürren und Murgänge einen deutlichen Zusammenhang mit der globalen Erwärmung seit dem Ende der Kleinen Eiszeit. In Zukunft besteht die Gefahr, dass es in der Folge des Gletscherschmelzens vermehrt zu Ausbrüchen von Gletscherseen kommen wird.

Ein Wort zu den menschlichen Auswirkungen auf diese Ereignisse, ihre Häufigkeit und ihre Stärke ist angebracht. In weniger als 200 Jahren hat der Mensch die Landschaft durch die Entwässerung von Talböden, die Trockenlegung von Feuchtgebieten, die Begradigung und Eindeichung von Flüssen und die Rückhaltung von Wasser und Sedimenten in Stauseen völlig verändert. Diese Massnahmen (abgesehen von der Rückhaltung von Wasser in Stauseen), die durch die Betonierung der Städte noch verstärkt werden, wirken sich beschleunigend auf den Wasserabfluss aus. Angesichts des Ausmasses dieses Phänomens würde die Rückkehr zu einer besseren Wasserrückhaltung erhebliche Anstrengungen erfordern. Ohne technische Schutzmassnahmen, wie z. B. Lawinenverbauungen, wäre heute allerdings das Alpengebiet kaum bewohnbar. Die Frage des sinnvollen menschlichen Eingriffs in die Landschaft ist und bleibt eine Frage des richtigen Masses.

Folgende Doppelseite: *Historische Darstellung des Bergsturzes von Goldau. Aquarell von David Alois Schmid. © Stiftung Bergsturzmuseum Goldau; Stiftung für Kunst, Kultur und Geschichte, Winterthur.*

Anhang

Glossar

Anhydrit: Mineral- und Gesteinsname für wasserfreies Kalziumsulfat ($CaSO_4$) (siehe auch: Gips).

Asthenosphäre: Zwischen 100–200 km mächtige, «schwache» oder «weiche» Zone im Erdinneren, im Oberen Erdmantel unterhalb der Lithosphäre; die Gesteine sind parziell geschmolzen.

Basalt: Basalt ist ein basisches (SiO_2-armes) Ergussgestein. Es besteht vor allem aus einer Mischung von Pyroxen (Calcium-Eisen-Magnesium-Silikat) und Plagioklas (calcium- und natriumreichem Feldspat) sowie meist auch Olivin.

Bentonit: Gestein, bestehend aus quellbaren Tonmineralen.

Brekzie: Festgestein, bestehend aus zementierten, eckigen Gesteinskomponenten (siehe auch: Konglomerat).

Bruch (Verwerfung, tektonische Störung): Fläche, an der sich zwei Gesteinskompartimente gegeneinander verschoben haben.

Carapace: Blockige Lage an der Oberfläche von Bergsturzablagerungen.

Dendrochronologie: Auf der Anzahl und Variation der Dichte der Wachstumsringe von Bäumen beruhende Datierungsmethode für Alter jünger als etwa 9000 Jahre.

Drumlin: Durch den Gletscher geschaffene, gerundete und langgestreckte Geländeform, meist bestehend aus Moränenmaterial, evtl. auch mit einem Felskern (Felsdrumlin).

Effinger-Schichten: Kalkig-mergelige Gesteinsformation des frühen Malms (Oberer Jura), die weiche Geländeformen bildet. Diese Gesteinsformation wird intensiv für die Zementproduktion genutzt.

Eiszeit: Abschnitt im Verlauf der Erdgeschichte (Quartär, Pleistozän) mit kaltem Klima und weitem Vorrücken der alpinen Gletscher.

Epizentrum: Erdbebenherd, projiziert auf die Erdoberfläche.

Erosion: Abtrag von Gestein durch die Aktion der Gletscher, durch Wasser und Wind.

Evaporit: Chemisches Sedimentgestein, das sich in aridem Klima in Meeres- oder Seebecken durch Ausfällung aufgrund einer verdunstungsbedingten Übersättigung des Wassers an gelösten Mineralen bildet (Gips, Anhydrit, Steinsalz u. a.).

Findling (Erratiker, erratischer Block): Vom Gletscher transportierter und abgelagerter Gesteinsblock, in der Schweiz meist alpiner Herkunft.

Flysch: Während der Alpenbildung im Meer abgelagertes Gestein aus Konglomeraten, Sandstein und Tonstein.

Gips: Mineral- und Gesteinsname für wasserhaltiges Kalziumsulfat ($CaSO_4 \times 2H_2O$). Gips ist ein Ablagerungsgestein (Evaporitgestein) in ariden (wüstenartigen) Becken und Lagunen.

Gneiss: Gebändertes und/oder geschiefertes, metamorphes (umkristallisiertes) Gestein.

Granit: Massiges und relativ grobkristallines, magmatisches Tiefengestein, das reich an Quarz und Feldspaten ist, aber auch dunkle (mafische) Minerale, vor allem Glimmer, enthält.

Hauptrogenstein: Grob geschichtete, kalkige Gesteinsformation aus dem Mittleren Dogger (Mittlere Jurazeit). Die «Rogen» sind Kalkkügelchen von mm-Abmessung. Sie entstanden im Wellenbereich eines seichten, bewegten Meeres.

Intensität (Erdbeben): Gefühlter Grad der Erschütterung und damit assoziierte Schäden.

Jura: Erdzeitalter, welches das Intervall vor 201–145 Millionen Jahren umfasst.

Kalk, Kalkstein: Häufiges marines Ablagerungsgestein, bestehend aus Kalziumkarbonat ($CaCO_3$). Kalkgesteine können v.a. aus feinem Algenschlamm (Nanoplankton) und einer Vielzahl von Fossilschalen gebildet werden.

Kar: Hufeisenförmige Hohlform im Gebirge, entstanden durch die Wirkung von Gletschern.

Karst: Unterirdische (Karsthöhlen) und oberirdische Geländeformen (Oberflächenkarst, Karen) in Karbonat- (Dolomit, Kalkgesteine) und Evaporitgesteinen (Sulfat-, Salzgesteine). Karst entsteht vorwiegend durch die Lösung der Karbonate und Evaporite durch zirkulierendes Oberflächen- und Grundwasser.

Konglomerat: Festgestein, bestehend aus zementierten, gerundeten Gesteinskomponenten (siehe auch: Brekzie).

Kreide: Erdzeitalter, welches die Zeitspanne vor 145–65,5 Millionen Jahren umfasst.

Lithosphäre: Die Lithosphäre ist die äusserste feste Schicht im Aufbau des Erdkörpers. Sie bildet die tektonischen Platten und umfasst die Erdkruste und den äussersten (lithosphärischen) Teil des Erdmantels.

Lockergestein: Gestein ohne festen Zusammenhalt, weder verkittet noch zementiert (Ton, Silt, Sand, Kies).

Magnitude (Erdbeben): Ist ein Mass für die freigesetzte Energie eines Erdbebens.

Mergel: Weiches Festgestein, bestehend aus einer Mischung von Ton und Kalk.

Molasse: Ablagerungsgesteine, bestehend aus den Abtragungsprodukten der werdenden Alpen: Konglomerate, Sandsteine, Mergel und Tongesteine. Man unterscheidet die im Meer abgelagerte Meeresmolasse von der durch Flüsse und in Seen gebildeten Süsswassermolasse.

Nephelinit: Vulkanisches Gestein, vorwiegend aus Nephelin (Kalium-Natrium-Silikat) bestehend.

Olivin: Meist grünliches bis dunkles Mineral (Alumo-Silikat) der unteren Erdkruste und dem Erdmantel.

Perm: Erdzeitalter, welches die Zeitspanne von 299–252 Millionen Jahren umfasst.

Permafrost: Boden- und Gesteinsschicht, welche bis in eine Tiefe von mehreren Metern das ganze Jahr gefroren bleibt.

Quartär: Erdzeitalter, welches vor 2,6 Millionen Jahren begann. Unterteilt in Pleistozän (Eiszeitalter) und Holozän (Nacheiszeit).

Schiefer: Durch tektonische Beanspruchung (oft unter Wärmeeinfluss) fein geschichtete (im mm-Bereich «geschieferte») Gesteine.

Sediment: Ablagerungsgestein.

Seismizität: Seismische Aktivität ist die Gesamtheit aller Erdbeben-Erscheinungen eines Gebietes.

Silt (Siltgestein): Gestein, bestehend aus feinem Material einer Korngrösse von 4–62 Tausendstel Millimetern (µm).

Stalagmiten, Stalaktiten: Ein Stalagmit ist der vom Boden einer Höhle emporwachsende Tropfstein (chemisch, mineralogisch: Kalzit), sein Gegenstück ist der von der Decke hängende Stalaktit.

Känozoikum (früher als **Tertiär** bezeichnet): Erdzeitalter (unterteilt in Paläogen und Neogen), welches von 65,5 bis 2,6 Millionen Jahren dauerte.

Ton (Tonmineralien und Tonstein): Tonminerale sind plättchenförmige Kristalle. Sie gehören zur Gruppe der Schichtsilikate und sind Hauptgemengteil von Tonstein.

Trias: Erdzeitalter, welches die Zeitspanne von 252–201 Millionen Jahren umfasst.

Tsunami: Grosse Welle, welche von ruckartigen, durch Erdbeben oder Rutschungen ausgelöste Bewegungen des Meeres- oder Seegrundes verursacht werden.

Bibliografische Referenzen

Aaron, J., Wolter, A., Löw, S. & Volken, S. 2020: Understanding Failure and Runout Mechanisms of the Flims Rockslide/Rock Avalanche. Front. Earth Sci., 8, 224. doi: 10.3389/feart.2020.0022.

Bader, S. & Kunz, P. 1998: Klimarisiken – Herausforderungen für die Schweiz. Vdf. Zürich, 307 S.

Badoux, A., Andres, N., Techel, F. & Hegg, Ch. 2016: Natural hazard fatalities in Switzerland from 1946 to 2015. Nat. Hazards Earth Syst. Sci., 16, 2747–2768, 2016, www.nat-hazards-earth-syst-sci.net/16/2747/2016/.

Baltzer, A. 1874: Über die Bergstürze in den Alpen. – Die Alpen, Band 1874, Schweiz. Alpen Club SAC.

Bini A., Buoncristiani J.-F., Coutterand S., Ellwanger D., Felber M., Florineth D., Graf H.R., Keller O., Kelly M., Schlüchter C. & Schoeneich P. 2009: La Suisse durant le dernier maximum glaciaire. Swisstopo, Wabern.

Burri, M. 1955: La géologie du quaternaire aux environs de Sierre. Bulletin de la société vaudoise des sciences naturelles», vol. 66, 289,14 p.

Burri, M. 1997: Géologie récente de Finges et de ses environs (VS). Bulletin de la Murithienne 115, 5–28.

Caprez, J. 2008: Das Flimser Bergsturzereignis: 3D-Geländekonstruktion und Volumenberechnung mit Hilfe von GIS. Unpubl. Master thesis, University of Zurich. 96 pp.

Corboud, P. 2012: L'archéologie lémanique un siècle après F.A. Forel. Arch. Scie., 237 – 248.

Deplazes, G., Anselmetti, F.S. & Jajdas, I. 2007: Lake sediments deposited on the Flims rockslide mass: the key to date the largest mass movement of the Alps. Terra nova, 19, 252–258.

Fauchère, A. 2002: Evolène, 21 février 1999, 20h27. Slatkine, Genève.

Fauchère, A. 2014: Evolène : de la légende à la réalité. Slatkine, Genève, 143 p.

Figi, D., Thöny, R., Breitenmoser, T., Brunold, F. & Schwestermann, T. 2022: Rutschung Brienz/Brinzauls (GR): Geologisch-kinematisches und hydrogeologisches Modell. Swiss Bull. angew. Geol, 27/2, 17–34.

Follonier, C., Dubath, C., Clivaz, M., Dubois, A., Hetényi, G., Luyet, O, & Reynard, E. 2021: Les séismes de 1946, Archives de l'Etat du Valais, 11 pp.

Frey, P.-Y. & Marongiu, S. 2019: Un tsunami sur le lac, Tauredunum 563. Presses universitaires romandes, Lausanne.

Fuchs, M. 2008: Integration of ground-penetrating radar, high-resolution seismic and stratigraphic methods in limnogeology : holocene examples from western Swiss lake deposits. Université de Genève. doi: 10.13097/archive-ouverte/unige:2279.

Funk, Hp., Habicht, J.K., Hantke, R. & Pfiffner, O.A. 2000: Blatt 1115 Säntis – Geol. Atlas Schweiz 1:25'000, Erläuterungen, 78.

Gabus J. H., Weidmann M., Sartori M. & Burri M. 2008: Feuille 1287 Sierre. Atlas géol. Suisse 1:25'000, Notice expl. 111 .

Gallay, A., ed. 2008: Des Alpes au Léman. Gollion: Infolio, 2ème éd. 280 p.

Grathoff, S.: Das Große Beben von Basel im Jahr 1356. www.regional-geschichte.net, URN: urn:nbn:-de:0291-rzd-003676-20201812-5.

Harper, K. 2021: Comment l'Empire romain s'est effondré; le climat, les maladies et la chute de Rome. La Découverte Poche, Paris, 619 p.

Heer, O. 1865: Urwelt der Schweiz. Schulthess Zürich, 622 S.

Hilbe, M., & Anselmetti, F. S. 2015: Mass Movement-Induced Tsunami Hazard on Perialpine Lake Lucerne (Switzerland): scenarios and Numerical Experiments. Pure and Applied Geophysics, 172, 545–568. https://doi.org/10.1007/s00024-014-0907-7.

Hormes, A., Müller, B.U. & Schlüchter, Ch. 2001: The Alps with little ice: evidence for eight Holocene phases of reduced glacier extent in the Central Swiss Alps. The Holocene 11/3, 255–265.

Joerin, U.E., Stocker, T.F. & Schlüchter, Ch. 2006: Multicentury glacier fluctuations in the Swiss Alps during the Holocene. The Holocene 16/5, 697–704.

Kobel, M, 1992: Nacheiszeitliche Bergstürze im Alpenrheintal. In: Internationale Rheinregulierung 1892–1992: Der Alpenrhein und seine Regulierung. – BuchDruck und Verlag, Buchs, p. 38–40.

Kremer, K., Hilbe, M., Simpson, G. et al. 2015: Reconstructing 4000 years of mass movement and tsunami history in a deep peri-Alpine lake (Lake Geneva, France-Switzerland). Sedimentology 62/5, 1305–1327.

Kunz, P. & Rey, J.M. 1995: Intempéries du 23 septembre 1994 dans le Haut-Valais (Massif du Simplon): répétition de l'événement de 1993 un an après. Bull Murithienne 113, 3–19.

La Patrie Suisse no 717, 16 mars 1921, p. 66–67.

Lambert, A. 1991: Ein Berg auf Talfahrt: Die Schieferrutschung im Lugnez (Graubünden, Schweiz). GEOWEW, 9/3, 67–98.

Le Grand, A.N. 2009: The 8,200-Year BP Event. In: Gornitz, V. (ed.) Encyclopedia of Paleoclimatology and Ancient Environments. Encyclopedia of Earth Sciences Series. Springer, Dordrecht. https://doi.org/ 10.1007/978-1-4020-4411-3_219.

Le Roy Ladurie, E. 1967: Histoire du climat depuis l'an mil, Flammarion, 1967.

Masset, P. 2012: Lichenometrie et reconstitution de la dynamique des glaciers de Ferpècle et de Mont Miné, Valais, Suisse occidentale. Mém. master Dept. Géol. Pal. Univ. Genève

Mayewski, P.A. et al. 2004: Holocene climate variability. Quaternary Research 62, 243–255.

Mogensen, I.A. 2009: Dansgaard-Oeschger Cycles. In: Gornitz, V. (ed) Encyclopedia of Paleoclimatology and Ancient Environments. Encyclopedia of Earth Sciences Series. Springer, Dordrecht. https://doi.org/10.1007/978-1-4020-4411-3_55.

Nabholz, W. 1975/76: Geologischer Überblick über die Schiefersackung des mittleren Lugnez und über das Bergsturzgebiet Ilanz–Flims–Reichenau–Domleschg. Bull. Ver. Schweiz. Petroleum-Geologen und -Ingenieure, 42/101, 38–54.

Nicolussi, K., Drescher-Schneider, R., Le Roi, M. & Schlüchter, Ch. 2014: Alpine Gletscherschwankungen während des Holozäns. Geographische Rundschau, 7–8, 16–22.

Nicolussi K., Le Roy, M., Schlüchter, Ch. et al. 2022: The glacier advance at the onset of the Little Ice Age in the Alps. The Holocene 32(7) 624–638.

Nicolussi, K., Spötl, C., Thurner, A. & Reimer, P.J. 2015: Precise radiocarbon dating of the giant Köfels landslide (Eastern Alps, Austria). Geomorphology, 243, 87–91. https://doi.org/10.1016/j.geomorph.2015.05.001.

Oberholzer, J. 1900: Monographie einiger prähistorischer Bergstürze in den Glarner Alpen. – Beiträge geol. Karte Schweiz, Neue Folge, IX. Lieferung, 209 pp.

Pfiffner, O.A. 2018: Die Bergstürze von Flims und Tamins. https://www.flimserbergsturz.ch/bergsturz/literatur/bergstuerze-flims-Tamins.pdf/.

Pfiffner, O.A. 2022: The Flims Rock Avalanche: Structure and consequences. Swiss J. Geosciences, 115:24. https://doi.org/10.1186/s00015-022-00424-x.

Pfiffner, O.A. 2023: The Rock Avalanches of Flims and Tamins: Their Kinematics and Landscape Impacts. Geology, Earth and Marine Sciences, 5/8, 1–7.

Pfiffner, O.A. 2024: Geologie der Alpen, 4. Aufl., Haupt Verlag Bern.

Pfiffner, O.A., Heitzmann, P., Lehner, P., Frei, W., Pugin, A. & Felber, M. 1997: Incision and backfilling of Alpine valleys: Pliocene, Pleistocene and Holocene processes. In: Pfiffner, A. et al. (editors): Deep structure of the Swiss Alps, 265–276. Birkhäuser, Basel.

Pfiffner, O.A., Ivy-Ochs, S., Mussina, Z., Aaron, J., Steinemann, O., Vockenhuber, Ch., Akçar,N. 2023: The Tamins rock avalanche (eastern Switzerland): timing and emplacement processes. Landslides 20, 877-899. DOI 10.1007/s10346-022-02004.

Pfiffner, O.A., Burkhard, M., Hänni, R., Kammer, A., Kligfield, R., Mancktelow, N., Menkveld, Z.-W., Ramsay, J.G., Schmid, S.M. & Zurbriggen, R., 2010: Structural Map of the Helvetic Zone of the Swiss Alps indluding Vorarlberg (Austria) and Haute Savoie (France). Geologische Spezialkarte 1:100'000 Nr. 128 (7 Blätter), swisstopo.

Pfiffner, O.A., Engi. M., Schlunegger, F., Mezger, K. & Diamond, L. 2016. Erdwissenschaften, 2. Aufl., utb Haupt Verlag.

Pfiffner, O.A. & Wildi, W.: Sur les traces des désastres naturels en Suisse; avec 25 excursions géologiques. Slatkine, Genève.

Pfiffner, O.A. & Wyss, R. Geologischer Atlas 1:25'000 Blatt Reichenau, mit Erläuterungen (im Druck).

Pfister, Ch. 1988: Klimageschichte der Schweiz 1525 –1860. Haupt, Bern, Stuttgart, Berlin, 3. Aufl.

Pfister, Ch. (Herausgeber) 2002: Am Tag danach – zur Bewältigung von Naturkatastrophen in der Schweiz 1500–2000. Haupt, Bern, Stuttgart, Wien.

v. Poschinger, A. & Haas, U. 1997: Der Flimser Bergsturz, doch ein warmzeitliches Ereignis? Bull. Angew. Geol., 2/1, 35–46.

Preusser, F., Graf, H.R., Keller, O., Krayss, E. & Schlüchter Ch. 2011: Quaternary glaciation history of northern Switzerland. , E&G Quaternary Science Journal 60/2–3, 282–305.

Schaller, S. et al. 2022: Postglacial evolution of Lake Constance: sedimentological and geochemical evidence from a deepbasin sediment core. Swiss J. Geosciences, 115/7, doi.org/10.1186/s00015022-00412-1.

Schlüchter, Ch. & Joerin, U. 2004: Alpen ohne Gletscher? Holz- und Torffunde als Klimaindikatoren. Die Alpen 6, 35–47.

Schorer, M. 2012: «Sécheresse», in: Dictionnaire historique de la Suisse (DHS), version du 11.06.2012, traduit de l'allemand. https://hls-dhs-dss.ch/fr/articles/007778/2012-06-11.

Seifert, M. 2013: Den Jägern auf der Spur – Mittelsteinzeit bei Tamins, Crestis. Archäologie Graubünden, 123–127.

Singeisen, C., Ivy-Ochs, S., Wolter, A. et al. 2020: The Kandersteg rock avalanche (Switzerland): integrated analysis of a late Holocene catastrophic event. Landslides 17, 1297–1317 (2020). https://doi.org/10.1007/s10346-020-01365-y.

Stuiver, M., Grootes, P.M. & Braziunas, T.F. 1995: THE GISP2 ∂18O Climate Record of the Past 16,500 Years and the Role of the Sun, Ocean, and Volcanoes. Quaternary Research 44, 341–354.

Tinner, W., Kaltenrieder, P., Soom, M., Zwahlen, P., Schmidhalter, M., Boschetti, A. & Schlüchter, C. 2005: Der nacheiszeitliche Bergsturz im Kandertal (Schweiz): Alter und Auswirkung auf die damalige Umwelt. Eclog. geol. Helv. 98, 83–95. DOI 10.1007/s00015-1147-8

UVEK 2008: Hochwasser 2005: Synthesebericht zur Ereignisanalyse. Eidg. Dep. Umwelt, Verkehr, Energie und Kommunikation UVEK, Berne, 23 p.

Walter, F. 2008: Catastrophes: une histoire culturelle XVIe – XXIe siècle. Seuil, 380 p.

Wildi, W. 2014: Mer de glace (Chamonix–Mont-Blanc): du Petit âge glaciaire à nos jours / Mer de glace (Chamonix–Mont-Blanc): from Little Ice Age to modern times. http://www.erlebnis-geologie.ch/geoevent/mer-de-glace-chamonix-mont-blanc-du-petit-age-glaciaire-1850-a-nos-jours.

Wildi, W. 2017 a: Geo-Wanderung um das Zungenbecken des Reussgletschers von Mellingen. Arch. ouverte Univ. Genève, https://archive-ouverte.unige.ch/unige:97019.

Wildi, W. 2017 b : Geowanderung im Drumlinzirkus von Schwand (Menzingen). Erlebnis-Geologie, Bern, https://erlebnis-geologie.ch/geoevent/geo-wanderung-im-drumlinzirkus-von-schwand-menzingen.

Wildi, W., Corboud, P., Girardclos, S. & Gorin, G.E. 2019: Visite géologique et archéologique de Genève = Geological and archaeological visit of Geneva. http://www.erlebnis-geologie.ch/geoevent/geologie-et-archeologie-de-geneve/ (3ème éd.).

Wildi, W., Gurni, P. & Sartori, M. 2015: Guide des paysages glaciaires du Val d'Hérens / Führer durch die Gletscherlandschaften des Val d'Hérens / Glacial landscapes of the Val d'Hérens (Valais, Switzerland). http://www.erlebnis-geologie.ch/geoevent/gletscherlandschaften-des-val-dherenspaysages-glaciaires-du-val-dherens.

Wildi, W. & Lambert, A. 2019: Erdgeschichte und Landschaften im Kanton Aargau. 2. rev. Ausgabe. Aarg. Natf. Ges, Aarau, 183 p.

Zeller, J. & Röthlisberger, G. 1980: Dégâts provoqués en Suisse par les intempéries en 1987. Eau, énergie, air 1980,1/2, 29–42.

Ziegler H-J., 1982: Die Hangbewegungen im Lugnez, am Heinzenberg und bei Schuders (Graubünden), Geologie und Geomechanik, Diss. Geol. Inst., Univ. Bern.

Notizen

Notizen

Bitte beachten Sie auch die folgenden Seiten.

O. Adrian Pfiffner

Landschaften und Geologie der Schweiz

2., aktualisierte Auflage 2024, 380 Seiten, rund 240 Farbfotos und 90 Figuren, Flexobroschur
ISBN: 978-3-258-08233-2

Der geologische Bau der Schweiz widerspiegelt sich in deren Landschaften. Während er im Mittelland und im Jura relativ einfach ist, sind in den Alpen vielfältige und hochkomplexe Strukturen anzutreffen. Im Zentrum der Alpengeologie steht dabei die Kollision zweier Kontinente, welche zur Stauchung, Verfaltung und Aufeinanderstapelung gewaltiger Gesteinspakete führte. Weil die Gesteinspakete sich regional in ihrer Zusammensetzung unterscheiden und entsprechend unterschiedlich auf Verwitterung und Abtrag reagieren, können heute im Alpenraum lokal sehr verschiedenartige Landschaftsformen angetroffen werden. Das vorliegende Buch beschreibt in einer für interessierte Laien verständlichen Sprache die elementaren geologischen Vorgänge an der Oberfläche und im Untergrund der Schweiz. Damit erfährt der Leser, weshalb es zu den heute bestehenden Landschaftsformen gekommen ist.

Haupt

Haupt Verlag Bern
verlag@haupt.ch • www.haupt.ch

Hauptthema: Geologie

O. Adrian Pfiffner

Geologie der Alpen

4., aktualisierte und erweiterte Auflage 2024, 400 Seiten,
durchgehend farbige Abbildungen
ISBN: 978-3-8252-8833-4

Die Alpen spielen in der Geschichte der Geologie eine zentrale Rolle. In diesem Gebirge können die unterschiedlichsten geologischen Phänomene besonders gut beobachtet werden. Das Buch gibt zuerst den modernen plattentektonischen Rahmen. Anschließend werden die Gesteinsverbände des kristallinen Grundgebirges sowie der paläozoischen, mesozoischen und känozoischen Sedimentabfolgen diskutiert. Die Beschreibung der verschiedenen Gesteinsverbände wird ergänzt durch eine Diskussion im paläogeografischen und plattentektonischen Kontext. Der tektonische Bau der Alpen, ausgehend vom Jura bis ins Po-Becken, wird durch eine Vielzahl von Profilschnitten illustriert. Um die Entwicklung der Alpen zu verstehen, werden auch deren Tiefenstruktur, die metamorphe Geschichte und die kinematische Entwicklung der Deckensysteme berücksichtigt. Die orogene Entwicklung wird durch orogene Fahrpläne näher beschrieben, welche auch die Rolle der jüngeren Sedimente innerhalb und an den Rändern der Alpen beleuchtet. Die jüngste geologische Geschichte wird schließlich von den pliozänen Flusssystemen, den großen pleistozänen Vereisungen, der Landschaftsgestaltung und den rezenten Bewegungen geprägt.

Das Buch richtet sich an Studierende und Dozierende der Geologie, aber auch an Erdwissenschaftlerinnen und Erdwissenschaftler, die sich für dies Alpen interessieren. Die reiche Bebilderung mit Karten, Profilen, stratigrafischen Kolonnenprofilen und Entwicklungsschemata kann als Grundlage für Exkursionen dienen.

Haupt **Haupt Verlag** Bern
verlag@haupt.ch • www.haupt.ch

Prof. hon. Dr. *Walter Wildi* studierte Geologie an der ETH Zürich, wo er im Jahr 1978 doktorierte. Nach längerer beruflicher Tätigkeit am Service Géologique du Maroc und Forschungsprojekten an der ETH Zürich, der Université de Paris 6 und der Université de Fribourg, wurde er im Jahr 1986 zum Professeur Ordinaire an der Universität Genf berufen. Hier unterrichtete er bis 2013 namentlich in den Fachbereichen Erdgeschichte, Geomorphologie, Glazialgeologie und Umweltgeologie.
Prof. Dr. *Adrian Pfiffner* studierte und doktorierte an der ETH Zürich. Nach Aufenthalten in Vancouver (Kanada) und Neuenburg wurde er 1987 als Professor an die Universität Bern berufen. In seinen Forschungen beschäftigt er sich mit dem Bau und der Entstehung von Gebirgen. Hierzu analysiert er Gesteinsproben im mikroskopischen Bereich sowie die Tiefenstruktur wie auch die Oberflächenformen von Gebirgen. Fallbeispiele stammen aus der gesamten Welt.

1. Auflage: 2025

ISBN 978-3-258-08418-3

Umschlag, Gestaltung und Satz: tiff.any GmbH, D-Berlin

Wir drucken mit mineralölfreien Farben und verwenden FSC®-zertifiziertes Papier. FSC® sichert die Nutzung der Wälder gemäß sozialen, ökonomischen und ökologischen Kriterien.
Gedruckt in der Tschechischen Republik

Diese Publikation ist in der Deutschen Nationalbibliografie verzeichnet. Mehr Informationen dazu finden Sie unter http://dnb.dnb.de.

Der Haupt Verlag wird vom Bundesamt für Kultur für die Jahre 2021–2025 unterstützt.

© Shutterstock, Huza Studio

Wir verlegen mit Freude und großem Engagement unsere Bücher. Daher freuen wir uns immer über Anregungen zum Programm und schätzen Hinweise auf Fehler im Buch, sollten uns welche unterlaufen sein.

Haupt Verlag AG
Falkenplatz 14
3012 Bern
SCHWEIZ
herstellung@haupt.ch

Verantwortlich in der EU (GPSR):
Brockhaus Kommissionsgeschäft GmbH
Kreidlerstr. 9
70806 Kornwestheim
DEUTSCHLAND
haupt@brocom.de

www.haupt.ch